《科学美国人》精选系列

科学最前沿 环境与能源篇

拿什么拯救你 我的地球

精选自 畅销全球近170年《科学美国人》

《环球科学》杂志社
外研社科学出版工作室 编

外语教学与研究出版社
FOREIGN LANGUAGE TEACHING AND RESEARCH PRESS
北京 BEIJING

《科学美国人》精选系列

科学最前沿

序 集成再创新的有益尝试

欧阳自远
中国科学院院士　中国绕月探测工程首席科学家

《环球科学》是全球顶尖科普杂志《科学美国人》的中文版，是指引世界科技走向的风向标。我特别喜爱《环球科学》，因为她长期以来向人们展示了全球科学技术丰富多彩的发展动态；生动报道了世界各领域科学家的睿智见解与卓越贡献；鲜活记录着人类探索自然奥秘与规律的艰辛历程；传承和发展了科学精神与科学思想；闪耀着人类文明与进步的灿烂光辉，让我们沉醉于享受科技成就带来的神奇、惊喜之中，对科技进步充满敬仰之情。在轻松愉悦的阅读中，《环球科学》拓展了我们的知识，提高了我们的科学文化素养，也净化了我们的灵魂。

《环球科学》的撰稿人都是具有卓越成就的科学大家，而且文笔流畅，所发表的文章通俗易懂、图文并茂、易于理解。我是《环球科学》的忠实读者，每期新刊一到手就迫不及待地翻阅以寻找自己最感兴趣的文章，并会怀着猎奇的心态浏览一些科学最前沿命题的最新动态与发展。对于自己熟悉的领域，总想知道新的发现和新的见解；对于自己不熟悉的领域，总想增长和拓展一些科学知识，了解其他学科的发展前沿，多吸取一些营养，得到启发与激励！

每一期《环球科学》都刊载有很多极有价值的科学成就论述、前沿科学进展与突破的报告以及科技发展前景的展示。但学科门类繁多，就某一学科领域来说，必然分散在多期刊物内，难以整体集中体现；加之每一期《环球科学》只有在一个多月的销售时间里才能与读者见面，过后在市面上就难以寻觅，查阅起来也极不方便。为了让更多的人能够长期、持续和系统地读到《环球科学》的精品文章，《环球科学》杂志社和外语教学与研究出版社合作，将《环球科学》刊登的科学前沿精品文章，按主题分类，汇编成"科学最前沿"系列丛书，再度奉献给读者，让更多的读者特别是年轻的朋友们有机会系统地领略和欣赏众多科学大师的智慧风采和科学的无穷魅力。

"科学最前沿"系列丛书包括七个分册：

1. 天文篇——《太空移民 我们准备好了吗》

2. 医药篇——《现代医学真的进步了吗》

3. 健康篇——《谁是没病的健康人》

4. 环境与能源篇——《拿什么拯救你 我的地球》

5. 科技篇——《科技时代 你OUT了吗》

6. 数理与化学篇——《霍金和上帝 谁更牛》

7. 生物篇——《谁是地球的下一个主宰》

当前，我们国家正处于科技创新发展的关键时期，创新是我们需要大力提倡和弘扬的科学精神。"科学最前沿"系列丛书的出版发行，与国际科技发展的趋势和广大公众对科学知识普及的需求密切结合；是提高公众的科学文化素养和增强科学判别能力的有力支撑；是实现《环球科学》传播科学知识、弘扬科学精神和传承科学思想这一宗旨的延伸、深化和发扬。编辑出版“科学最前沿”系列丛书是一种集成再创新的有益尝试，对于提高普通大众特别是青少年的科学文化水平和素养具有很大的推动意义，值得大加赞扬和支持，同时也热切希望广大读者喜爱“科学最前沿”系列丛书！

前言 科学奇迹的见证者

陈宗周
《环球科学》杂志社社长

1845年8月28日，一张名为《科学美国人》的科普小报在美国纽约诞生了。创刊之时，创办者鲁弗斯·波特（Rufus Porter）就曾豪迈地放言：当其他时政报和大众报被人遗忘时，我们的刊物仍将保持它的优点与价值。

他说对了，当同时或之后创办的大多数美国报刊都消失得无影无踪时，快满170岁的《科学美国人》却青春常驻、风采迷人。

如今，《科学美国人》早已由最初的科普小报变成了印刷精美、内容丰富的月刊，成为全球科普杂志的标杆。到目前为止，它的作者，包括了爱因斯坦、玻尔等148位诺贝尔奖得主——他们中的大多数是在成为《科学美国人》的作者之后，再摘取了那顶桂冠。它的读者，从爱迪生到比尔·盖茨，无数人在《科学美国人》这里获得知识与灵感。

从创刊到今天的一个多世纪里，《科学美国人》一直是世界前沿科学的记录者，是一个个科学奇迹的见证者。1877年，爱迪生发明了留声机，当他带着那个人类历史上从未有过的机器怪物在纽约宣传时，他的第一站便选择了《科学美国人》编辑部。爱迪生径直走进编辑部，把机器放在一张办公桌上，然后留声机开始说话："编辑先生们，你们伏案工作很辛苦，爱迪生先生托我向你们问好！"正在工作的编辑们惊讶得目瞪口呆，手中的笔停在空中，久久不能落下。这一幕，被《科学美国人》记录下来。1877年12月，

《科学美国人》刊文，详细介绍了爱迪生的这一伟大发明，留声机从此载入史册。

留声机，不过是《科学美国人》见证的无数科学奇迹和科学发现中的一个例子。

可以简要看看《科学美国人》报道的历史：达尔文发表《物种起源》，《科学美国人》马上跟进，进行了深度报道；莱特兄弟在《科学美国人》编辑的激励下，揭示了他们飞行器的细节，刊物还发表评论并给莱特兄弟颁发银质奖杯，作为对他们飞行距离不断进步的奖励；当“太空时代”开启，《科学美国人》立即浓墨重彩地报道，把人类太空探索的新成果、新思维传播给大众。

今天，科学技术的发展更加迅猛，《科学美国人》的报道因此更加精彩纷呈。新能源汽车、私人航天飞行、光伏发电、干细胞医疗、DNA计算机、家用机器人、“上帝粒子”、量子通信……《科学美国人》始终把读者带领到科学最前沿，一起见证科学奇迹。

《科学美国人》追求科学严谨与科学通俗相结合的传统也保持至今，并与时俱进。于是，在今天的互联网时代，《科学美国人》及其网站，当之无愧地成为报道世界前沿科学、普及科学知识的最权威科普媒体。

科学是无国界的，《科学美国人》也很快传向了全世界。今天，包括中文版在内，《科学美国人》在全球用15种语言出版国际版本。

《科学美国人》在中国的故事同样传奇。这本科普杂志与中国结缘，是杨振宁先生牵线，并得到了党和国家领导人的热心支持。1972年7月1日，在周恩来总理于人民大会堂新疆厅举行的宴请中，杨先生向周总理提出了建议：中国要加强科普工作，《科学美国人》这样的优秀科普刊物，值得引进和翻译。由于中国当时正处于“文革”时期，杨先生的建议6年后才得到落实。1978年，在“全国科学大会”召开前夕，《科学美国人》杂志中文版开始试刊。1979年，《科学美国人》中文版正式出版。《科学美国人》引入中国，还得到了时任副总理的邓小平以及国家科委主任方毅（后担任副总理）的支持。一本科普刊物在中国受到如此高度的关注，体现了国家对科普工作的重视，同时，也反映出刊物本身的科学魅力。

如今，《科学美国人》在中国的传奇故事仍在续写。作为《科学美国人》在中国的版权合作方，《环球科学》杂志在新时期下，充分利用互联网时代全新的通信、翻译与编辑手段，让《科学美国人》的中文内容更贴近今天读者的需求，更广泛地接触到普通大众，迅速成为了中国影响力最大的科普期刊之一。

《科学美国人》的特色与风格十分鲜明。它刊出的文章，大多由工作在科学最前沿的科学家撰写，他们在写作过程中会与具有科学敏感性和科普传播经验的科学编辑进行反复讨论。科学家与科学编辑之间充分交流，有时还有科学作家与科学记者加入写作团队，这样的科普创作过程，保证了文章能够真实、准确地报道科学前沿，同时也让读者大众阅读时兴趣盎然，激发起他们对科学的关注与热爱。这种追求科学前沿性、严谨性与科学通俗性、普及性相结合的办刊特色，使《科学美国人》在科学家和大众中都赢得了巨大声誉。

《科学美国人》的风格也很引人注目。以英文版语言风格为例，所刊文章语言规范、严谨，但又生动、活泼，甚至不乏幽默，并且反映了当代英语的发展与变化。由于《科学美国人》反映了最新的科学知识，又反映了规范、新鲜的英语，因而，它的内容常常被美国针对外国留学生的英语水平考试选作试题，近年有时也出现在中国全国性的英语考试试题中。

《环球科学》创刊后，很注意保持《科学美国人》的特色与风格，并根据中国读者的需求有所创新，同样受到了广泛欢迎，有些内容还被选入国家考试的试题。

为了让更多中国读者能了解到世界前沿科学的最新进展与成就，开阔科学视野，提升科学素养与创新能力，《环球科学》杂志社与外语教学与研究出版社合作，编辑出版了这套“科学最前沿”丛书。

丛书内容从近几年《环球科学》（即《科学美国人》中文版）刊载的文章中精选，按主题划分，结集出版。这些主题汇总起来，构成了今天世界前沿科学的全貌。

丛书的特色与风格也正如《环球科学》和《科学美国人》一样。中国读者不仅能从中了解到科学前沿，还能受到科学大师的思想启迪与精神感染。

在我们正努力建设创新型国家的今天，编辑出版这套“科学最前沿”丛书，无疑具有很重要的意义。展望未来，我们希望，在“科学最前沿”的读者中，能出现像爱因斯坦那样的科学家、爱迪生那样的发明家、比尔·盖茨那样的科技企业家。我们相信，“科学最前沿”的读者会创造出无数的科学奇迹。

未来中国，一切皆有可能。

陈宗周

科学最前沿 环境与能源篇

拿什么拯救你 我的地球

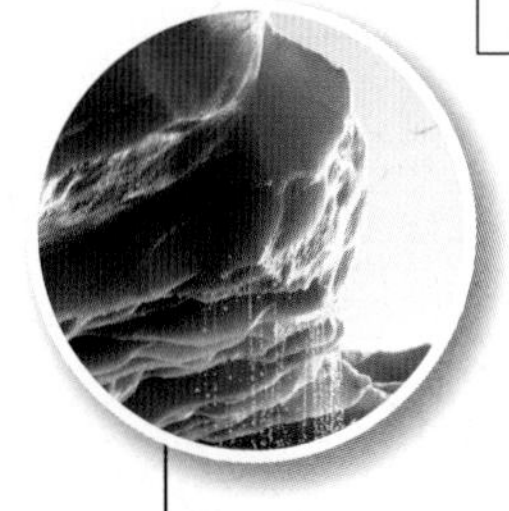

话题一 ▸ 地球也怕热

遏止全球变暖 刻不容缓 / 2
极地告急 / 8
验证升温“曲棍”图 / 12

目录

话题二 ▸ 人类的警醒

足球走向绿色 / 18
实践碳封存技术 / 22
吸收温室气体的大烟囱 / 26
虚假的碳交易 / 28
埋藏气候变化 / 34
否决“气候门” / 39
“度”量气候变化 / 43
把碳“锁”进玄武岩 / 48
IPCC审查工作流程 / 50
控制全球变暖的捷径 / 53

话题三 ▸ 海洋环境的恶化

海岸“死亡地带”逐渐扩大　/ 56
窒息生命的海洋　/ 58
沉船有毒　/ 62
漏油猛如虎　/ 68
死于塑料　/ 73
日本地震后遗症　/ 74
我们的海洋健康吗　/ 77

CONTENTS

话题四 ▸ 动物王国的告急

秃鹫的新食谱　/ 80
禁渔有理　/ 81
禁捕小鱼破坏生态　/ 82
让鱼类安全通过水电站　/ 85
两栖动物方舟　/ 88
寻找鳄鱼杀手　/ 92
禁售蓝鳍金枪鱼　/ 97
除草剂导致动物变性　/ 101
乌龟拯救小岛生态　/ 105
秃鹫困境　/ 108
给美洲豹安家　/ 112

话题五 ▸ 生态系统的拯救

湿地的终结 / 118
河口的生态危机 / 123
商业化保护红杉林 / 126
变调的自然交响乐 / 131
蚯蚓“吞噬”森林 / 136
给地球设定安全界限 / 140

话题六 ▸ 环保技术的开发

让去污剂更安全 / 146
环保，别漏了蓝天 / 149
塑料瓶回收再回收 / 152
加快绿色专利审批 / 154
细菌“吃”掉塑料 / 157

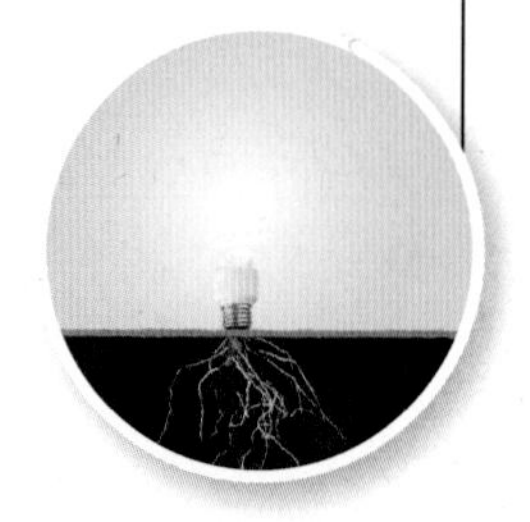

话题七 ▸ 新能源带来新希望

用之不尽的地热资源　／160
灌木丛中的绿色黄金　／162
用草制造乙醇　／167
纤维素乙醇潜力巨大　／169
去太空采集太阳能　／174
巧妙提升光电池效率　／178
叶绿素发电　／182
细菌炼油厂　／184
让风力稳定供电　／187
植物：未来能源工厂　／190
空中发电站　／193
利用病毒发电　／195
物超所值的新电池　／197

话题八 ▸ 能源安全关系生命

最新的核电站安全吗　／200
封死反应堆　／202
福岛核电站的归宿　／205
埋葬“来自地狱的元素”　／207

话题一

地球也怕热

“全球变暖”已经从媒体的反复宣传轰炸变成了每个人都体会到了的切身感受：异常的气候变化混淆了四季，频繁的自然灾害导致生灵涂炭，冰架崩裂海冰融化让我们必须不停地修改两极地图……而科学家则用一张图来直观地描述了全球温度变化，这张形似“曲棍”的图警告我们，放任温室气体排放，一旦二氧化碳浓度突破警戒线，地球将面临灭顶之灾。

遏止全球变暖 刻不容缓

撰文：戴维·别洛（David Biello）
翻译：高倩

INTRODUCTION

政府间气候变化专门委员会（IPCC）在2007年发表的报告仍然低估了气候变化问题，气候问题可能比我们想象的严重，遏制全球变暖已经刻不容缓。

全球变暖已经不是新鲜的话题了。近年来，越来越多的迹象证明了它的存在：冰川融化、花期提前、平均气温不断上升。2007年2月，联合国政府间气候变化专门委员会（IPCC）的科学家和外交官们在法国巴黎展开讨论，并最终出炉了一份气候报告。这份报告宣布全球变暖的存在是“不争的事实”，却省去了有关全球变暖正在加速的内容。IPCC删去了一些容易引发争议的论述，严格采用了获得同行认可的数据资料。因此，这样一份有些保守的报告，恐怕同2001年的气候报告一样，低估了全球变暖将带来的严重后果。

来自154个国家的2,000多名科学家参与了IPCC的运作，2007年2月出炉的这份报告只是从自然科学方面阐述了气候的变化。科学家先就与气体变化有关的各类问题（从气候改变的历史宏观角度到具体的地区性论述）分组草拟初稿，然后交给政府官

气候变暖造成格陵兰岛康格尔隆萨克冰川大面积融化。

员和其他评论家评议，收回3万多份反馈意见。最后，所有的科学家和外交官齐聚巴黎，逐字逐句地修改最终报告，改掉一些用词（例如用“不争的事实”替换“显而易见”），或者删去一些尚存争议的结论。

比如，在沙特阿拉伯等国家的反对下，报告删去了一句话，即人类活动对地球热量收支（heat budget）变化的影响是太阳的5倍。这份报告的撰稿科学家之一，英国利兹大学的皮尔斯·福斯特（Piers Forster）说：“事实上，这个比值应该超过10倍。”与历史数据相比，截至2007年地球表面每平方米接受到的太阳热能增加了0.12瓦，而人类活动造成的热能增加则是每平方米1.6瓦。

这份报告的保守性还反映了气候变化这门学科本身的局限。以海平面升高为例，不同的气候模型得出的预测值都在18厘米到59厘米之间。不过，没有一种模型能够完全描述格陵兰和南极冰川的融化可能会对海平面上升带来的更大影响，因为陆地冰川的融化无法用简单的

方程式来概括。

平均来说，格陵兰冰川的融化和移动速度都在加快，但这种变化并不呈简单的线性增长趋势。比方说，格陵兰的康格尔隆萨克（Kangerdlugssuaq）冰川在自身重力的作用下流向大海，但是冰川的融化却使它的质量减轻、厚度变薄，流向大海的速度也放缓了。此外，美国华盛顿大学伊恩·豪厄特（Ian Howat）的观测数据显示，康格尔隆萨克冰川融水量的增长，有80%是在短短一年内发生的，随后又稳定了下来。正如美国宾夕法尼亚州立大学的冰河专家理查德·阿利（Richard Alley）所说："冰盖的质量正在减轻，而且速度越来越快，尽管这不是造成海平面上升的主要原因，但仍然不容忽视。"事实上，许多因素都会影响格陵兰的冰盖。阿利说："冰川就好比一头行事孤僻、行为复杂的巨型猛兽，想预测它的动向绝非易事。"

其他一些重要的因素，例如形成雷暴的对流，只能大致估

IPCC

联合国政府间气候变化专门委员会（Intergovernmental Panel on Climate Change，IPCC)是世界气象组织(WMO)及联合国环境规划署(UNEP)于1988年联合建立的政府间机构。其主要任务是对气候变化科学知识的现状，气候变化对社会、经济的潜在影响以及如何适应和减缓气候变化的可能对策进行评估。

IPCC本身不做任何科学研究，而是检查每年出版的数以千计有关气候变化的论文，并每五年出版评估报告，总结气候变化的“现有知识”。例如，1990年、1995年、2001年和2007年，IPCC相继四次完成了评估报告，这些报告已成为国际社会认识和了解气候变化问题的主要科学依据。

算，而无法精确统计——与整个地球相比，它们的规模太小了。美国哥伦比亚大学从事气候模型研究的科学家斯蒂芬·泽比亚克（Stephen Zebiak）说：“气候模型根本不可能直接模拟这些事件，因此研究人员只能尝试考虑这些过程的整体影响。”

尽管存在一些缺陷，但全球气候模型正变得越来越可靠。如果把过去100年内影响气候变化的因素输入模型，它们就能推算100年来的气候变化情况，结果与实际的观测记录基本吻合。这让科学家们对预测未来的气候趋势更有信心。

2007年4月，IPCC公布了第二份报告，描述了全球变暖会带来的影响，包括越来越频繁的大干旱、大洪水及其他极端气候现象。第三份报告于5月公布，报告探讨了一些应对措施，比如用新能源替代化石燃料。在美国，政府对替代能源的开发工作仍然支持不力，尽管投入到生物燃料和氢燃料的资金预算有所增加，但其他可再生能源的研究经费却有所减少。截至2007年，投入到此类研究的全部预算，甚至还比不上20世纪70年代的规模。

应对全球变暖离不开人才储备，可是阿利表示："各国政府在寻找能源和气候问题解决方案这方面，投入的支持力度还不够大。一些学生还在犹豫，无法说服自己把这项事业当成毕生奋斗的目标。"无论如何，尽管IPCC的气候报告仍然保守，但表达的讯息已经十分明显：遏止全球变暖，刻不容缓。

极地告急

撰文：彼得·布朗（Peter Brown）
翻译：李天绮

INTRODUCTION

近年来，极地地区冰川消融加剧令人担忧，一些监测结果显示，地球南北极地区气候变暖的步伐正在加快，这是否是地球气候灾变的前兆？人类的未来将如何？这些仍然是值得深思的问题。

地球南北两极气候变暖的步伐正在加快，拉响了新一轮科学警报。2008年2月28日，美国航空航天局（NASA）Aqua卫星上的摄像机航拍发现，一块面积相当于曼哈顿的巨型浮冰正在脱离冰架主体。这块冰架在接下来的10天内不断塌陷、断裂。到了3月8日，南极半岛海岸线外原本由大约1.3万平方千米的浮冰组成的威尔金斯冰架（Wilkins），已有410平方千米的冰块散落进了太平洋中。

算上这一次，近些年来南极地区发生的类似冰架坍塌事件已

有7起，而在此之前的400年里，那里的冰盖却相对稳定。其他6起冰架坍塌事件包括：拉森B冰架（Larsen B）3,400平方千米冰层解体，古斯塔夫王子道（Prince Gustav Channel）和拉森口（Larsen Inlet）冰架瓦解，以及琼斯冰架（Jones）、拉森A冰架（Larsen A）、穆勒冰架（Muller）和沃迪冰架（Wordie）的消融。所有这些都验证了温度测量的结果：被专业人士称为“香蕉带”（Banana Belt）的南极半岛西部地区，气温升高的速度是地球上最快的。

就在威尔金斯冰架坍塌事件被发现的几天之后，英国南极调查局（British Antarctic Survey）的一支科考队无意中拍到了该冰架的实地情况。全世界的科学家都因为这一事件而团结在一起。“现在，全球科学界内的联系空前紧密，”美国哥伦比亚大学拉蒙特–多尔蒂地球观测站（Lamont-Doherty Earth Observatory）的极地科学家罗宾·贝尔（Robin E. Bell）说，“我们都更加深切地感受到，变化确实在迅速发生”。相对温暖的空气似乎是导致冰架崩裂的主要原因。在南半球夏季的冰川融化期，浮动的冰架在周围海水的冲击下挤压变形，不可避免地产生裂缝，而冰层融化形成的水会充斥在这些缝隙之中。在较冷的气候条件下，这些裂缝无非

冰川

冰川（或称冰河）是指大量冰块堆积形成的如同河川般的地理景观。在终年冰封的高山或两极地区，多年的积雪经重力或冰河之间的压力，沿斜坡向下滑形成冰川。受重力作用而移动的冰河称为山岳冰河或谷冰河，而受冰河之间的压力作用而移动的则称为大陆冰河或冰帽。两极地区的冰川又名大陆冰川，覆盖范围较广，是冰河时期遗留下来的。冰川是地球上最大的淡水资源，也是地球上继海洋之后最大的天然水库。

由于冰川形成于长年封冻地区，所以对冰川的研究，可以帮我们找到远古时代的地质信息。由于温室效应在高纬度地区和高海拔地区格外明显，地球上的冰川正以惊人的速度消失。对于直接流入大海的冰川来说，这意味着巨型冰山的增多、海平面的上升以及沿海地区可能遭受到的泛滥；对于高山上的冰川来说，这意味着山脚下河流径流量的不稳定，即在大量融雪时造成水灾、其余时间则造成旱灾。

是一些浅浅的表层“疤痕”。但缝隙内的液态水却像一把滚烫的刀，直切冰架的底部，将它一分为二。

冰架的分裂和融化本身并不会提升海平面。但冰架就像是一个瓶子的软木塞，阻挡着陆基冰川向海洋缓慢移动的步伐。一旦这个塞子被拔出，那些冰川

就可以长驱直入。科罗拉多大学博尔德分校美国国家冰雪数据中心的冰河学家特德·斯坎博（Ted Scambos）估计，在冰架崩裂的“短短数月内”，冰川就会“加速行进”；“一两年内，冰川（流入海洋）的速度就会达到冰架完好无损时流动速度的4倍”。正如贝尔所说，结果会让“更多的冰块掉入海中”，导致海平面上升。

不过短期来看，最令人担忧的问题是北极的变化，即北冰洋海冰和格陵兰岛冰川的消融。温暖的空气和表层水在夏天融蚀着冰盖。海冰融化得越多，反射阳光的白色冰面就越少，更多深色会吸阳光的海面被暴露在外，从而加速海冰的进一步消融——由此形成了一个恶性循环。斯坎博说，这种失控效应会加快北极地区温度的上升，导致北极永久冻土层消失。

在格陵兰岛，气候变化与冰川间的故事也在重演。冰川临海的边缘部分正在加速，它们后面的冰层正在变薄。GRACE卫星对当地引力异常现象所做的测量显示，格陵兰冰盖，特别是南部冰盖，正在快速退化。贝尔说：“这块冰盖正在‘减肥’。”格陵兰的大量冰块滑入了大西洋中。

这些效应全加在一起会不会变成一个拐点？没有人知道确切的答案。研究人员正焦急地寻求着两大问题的答案：冰盖会以多快的速度滑入海中？还需要再升温几度，北极永久冻土层就会完全融化？一旦永久冻土层融化，大量冰封的甲烷就会破土而出。在这些甲烷进入大气的20年后，甲烷使地球升温的能力将是二氧化碳的72倍（100年后也仍然会是二氧化碳升温能力的25倍），所以甲烷一旦释放，地球就将面临一场失控的气候灾变。

冰川消融导致美洲荒漠

北极地区冰融速度的加快会威胁到温带地区。科学模型预测，如果海冰在夏末消融，沙漠带会北移，届时那里的气候会比美国西北部、欧洲东南部及中东地区更干燥。美国国家冰雪数据中心的朱利恩·斯特勒弗（Julienne Stroeve）及其同事在2007年公布了他们的研究结果，表明北极海冰在过去15年内的消融速度快于现行模型的预测。2050年之前，中纬度地区就将被沙漠化——这比先前的预期提前了20~40年。

验证升温“曲棍”图

撰文：戴维·阿佩尔（David Appell）
翻译：蔡萌萌

INTRODUCTION

重建历史时期的气温数据并不是一件容易的事情，使用一种新的分析方法，科学家画出了一张更好的气温升高“曲棍”图。这有助于我们对历史时期地球上的气候变化有一个更直观的认识和理解。

冰期和间冰期

冰期（glacial period）是指在一个“冰河时期”之中，一段持续的全球低温、大陆冰盖大幅度向赤道延伸的时期。而间冰期是指两次冰期之间，全球温度较高，大陆冰盖大幅度消融退缩的时期。一个冰河时期由冰期、间冰期交替反复旋回。目前地球处于1.1万年前开始的间冰期，这也是全新世的开始。冰期内部的冷暖交替的时段，分别称为冰段（或称作副冰期、冰阶）与间冰段（或称作间冰阶）。

“曲棍”图（hockey stick）既是气候变化争论的核心，又是双方论战的攻击标靶。图上显示了过去200万年来北半球的平均气温：温度变化曲线一直都相对平稳，直到20世纪开始骤然上升——就像一根尾端朝上的曲棍球球棍。气候变暖的质疑者们一直在责难图中气温数值的推算过程。科学家利用一种全新的不同方法，重建出过去600年间的气温变化，得出了与“曲棍”图类似的结果。这或许

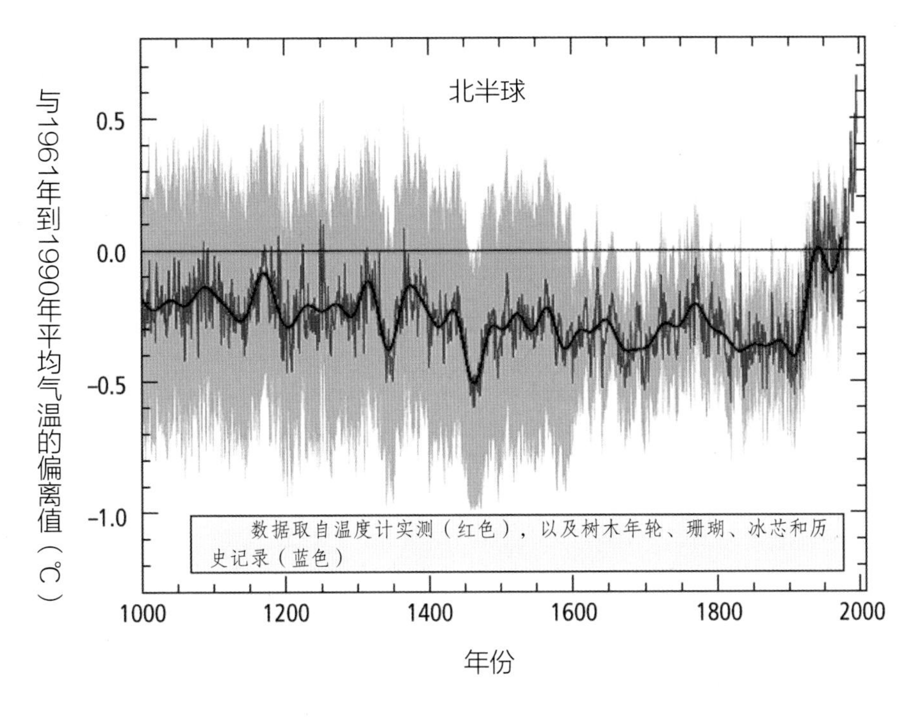

“曲棍”图显示了气温的变化情况，这些气温数据有时候是从自然界的记录中推算出来的。比如，下方所示的年轮就表明，20世纪出现了一个变暖峰值。

有助于扫除长期徘徊不去的质疑声。

“曲棍”图诞生于1998年，由目前任教于美国宾夕法尼亚州立大学的迈克尔·曼（Michael Mann）及其同事共同建立（后来又有多位气候学家对图进行过修正）。重建历史气温数据并不容易：研究者必须综合各种信息来源，包括树的年轮、珊瑚钻探、松果、冰芯以及其他自然界的记录，然后将这些信息转化成历史上特定时间和地点的气温数据。这样的温度信息“载体”在空间和时间上都是离散且不完整的。迈克尔·曼采用的方法是：利用近期“载体”与仪器（如温度计）共存的情况，估算“载体”温度与实测温度之间的关系；然后再根据这种关系，利用数学外推法计算更久远的气温。

美国哈佛大学的马丁·廷利（Martin Tingley）则认为，他自己的方法“更容易操作，也容易传导不确定性”——这里的“传导不确定性”是指，能够计算数据固有的局限性如何影响对任意时刻温度值的计算。这种方法还可以灵活调整，用于计算气候科学里的其他问题，比如降雨和干旱，甚至可以用来预计未来大气中二氧化碳累计增长的速率。廷利和他的论文导师彼得·许贝斯（Peter Huybers）合写的论文，已经被投递给了《气候杂志》（*Journal of Climate*）。

迈克尔·曼觉得，廷利和许贝斯的新方法“很有前途”。这种方法假设，相邻的“载体”可以简单地关联起来，不论这种“相邻”是地理位置相邻，还是同一位置在年份上前后相邻。比如说，相邻地区上世纪的测量气温，关联程度似乎随距离的增长而指数下降，“半衰距离”（类似于半衰期）约为4,000千米。

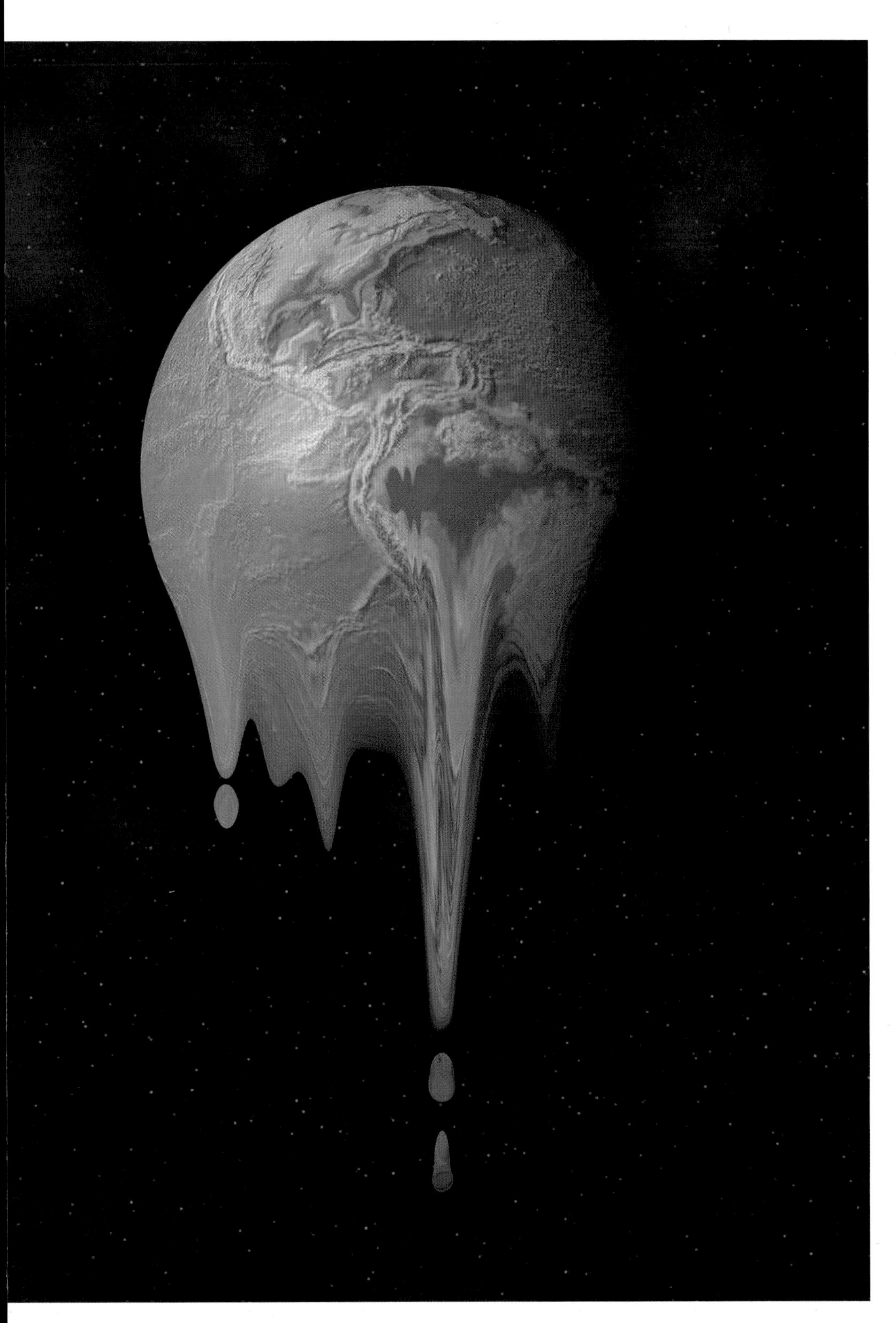

廷利假定，“载体”温度与真实温度之间存在一种简单的线性关系。然后根据“载体”温度和（可能同时存在的）实测温度，利用贝叶斯统计法确定上述关系。许贝斯解释说，借助贝叶斯描述方法，“我们可以从现有的若干组观察数据出发，尝试估算过去某一温度出现的可能概率”。

不过，这种方法计算量大得惊人，涉及复杂的矩阵代数（matrix algebra）。代入“载体”温度和实测温度的初始值（在那些两种数据都已知的重叠区域），这种方法就可以向前回溯，进一步明确其他时刻两种数据之间的关联。为了确定历史气温，廷利往往不得不借助大约一百万个矩阵，每个矩阵都由1,296 行和1,296列构成。

廷利在2009年稍早前的一次学术会议上介绍了他的初步研究结果。这项研究专注于北纬45至85度之间过去600年来的“载体”数据，结果发现上世纪90年代是600年来最热的10年，1995年是其中最热的一年。（发生厄尔尼诺现象的1998年是北美洲和格陵兰岛最热的一年，但并不是亚欧大陆北部最热的一年。）他还发现，20世纪是升温速度最快的一个世纪，而变温速度最快的则是17世纪的头十年（甚至超过了以前重建的历史气温中的最快变化速度）——不过由于所谓的小冰期（Little Ice Age），当时的气温在朝变冷的方向发展。

定性地来看，廷利的计算结果和以前重建的历史气温曲线一样，形状大致类似于一根“曲棍”。或许更为重要的是，他的分析暗示，对北半球近200万年来所有可用的“载体”数据进行类似的分析之后，应该会得到一个在统计学上更高级的“曲棍”图结果。廷利目前在美国北卡罗来纳州三角科技园的统计与应用数学科学研究所做博士后，他计划将他的模型加以拓展，以便考察美国西南部的历史干旱情况，还会在更大的时间和空间范围内重建气温数据。

话题二

人类的警醒

尽管我们尚不知道大气中二氧化碳浓度的临界点，即增加多少二氧化碳才是安全的，但不管怎样，我们知道这个会令气候产生不可逆转变化的临界值是存在的，并且气候越温暖，我们就离危险越接近。于是，从碳交易到碳封存，从政策到技术，全球都行动了起来，开始尝试多种方法来减少二氧化碳排放量。

足球走向绿色

撰文：冈彦 · 辛哈（Gunjan Sinha）
翻译：波特

INTRODUCTION

随着人们对气候变化问题的认识和了解，如今，绿色和低碳生活成为人们健康生活的一种方式。而世界杯，这一承载着世界上最受欢迎的一项体育赛事的盛会，也可以成为削减碳排放量的一种新方式。

2006年6月，当全世界球迷冲到德国享受“世界杯”时，足球、啤酒和德式小香肠可能是他们脑海中的全部。但这类聚会都有一个缺点——污染。100万球迷和游客大吃大喝，消耗了许多能量，也产生了大量的二氧化碳。由于环境保护是当今德国时代精神的重要组成部分，本届世界杯的“绿色目标”（green goal）便显得尤为必要了。包括国际足球联盟（FIFA）和德国足

集中的碳：2006年的世界杯带来了对能量饥渴的游客。足协的官员们希望通过资助可持续能源项目，来抵消排放的碳。

《京都议定书》（Kyoto Protocol）

《京都议定书》（又称《京都协议书》、《京都条约》，全称《联合国气候变化框架公约的京都议定书》）是《联合国气候变化框架公约》（United Nations Framework Convention on Climate Change，UNFCCC）的补充条款。是1997年12月在日本京都府京都市的国立京都国际会馆所召开的联合国气候变化框架公约参加国三次会议制定的。其目标是“将大气中的温室气体含量稳定在一个适当的水平，进而防止剧烈的气候改变对人类造成伤害”。2012年12月8日，在卡塔尔召开的第18届联合国气候变化大会（2012 United Nations Climate Change Conference）上，本应于2012年到期的京都议定书被同意延长至2020年。

限额交易(cap-and-trade)：是指国家，或某个组织为了减少二氧化碳的排放量，而对内部所有企业给出一个限额，要求在规定的时间内，使二氧化碳的排放量减少到一定的程度。达到这个限额，甚至好于这个限额的企业，就能赚到一定的指数，而达不到的企业，如果不想被停工整顿，就必须花钱去买指数。

球协会（DFB）在内的团体共捐出了120万欧元，希望通过投资3个可再生能源项目，把2006年世界杯决赛办成第一场降低二氧化碳排放量的体育赛事。

在公众的环境意识里，碳削减项目是现在最时尚的风气。至少十几家公司作出承诺，将减少飞行和驾驶活动，以及婚礼和唱片发布会等活动产生的温室气体排放量。但是，自愿的削减项目并没有得到监控，这使消费者无法确定他们的钱是否花到了有益环境的项目上。此外，这些活动的二氧化碳排放量微不足道，因此削减排放量的作用也不大，例如，德国每年的二氧化碳排放总量约为8亿吨——世界杯仅仅多排放了10万吨而已。

不过现在情况有了转机。2005年，欧洲建立了“限额交易”体系（cap-and-trade system）。为了达到《京都议定书》（Kyoto Protocol）要求的目标，欧洲50％的工业被限制了二氧化碳的排放。1995年，美国建立了二氧化硫贸易市场，成功地降低了酸雨程度，欧洲官方便是模仿了这个体系。欧洲的贸易市场发展起来时，一些环保主义者认为，自愿的碳削减项目也许可以加入到已经存在的“限额交易”市场方案中，以便更好地削减二氧化碳的排放量。

但现在，自愿项目的相关团体正忙着赚它们减少排放量的信用指数。作为环境问题的专家，德国柏林生态学会的克里斯蒂安·霍奇菲尔德（Christian Hochfeld）制定了世界杯的“绿色目标”计划。他说：“我希望，我们的行动会成为一个好榜样。”

为了这个目的，德国柏林生态学会选择了那些符合世界野生动

物基金会（World Wildlife Fund）标准的计划，以更好地为受《京都议定书》影响的工业安排高质量的发展计划。在印度泰米尔纳德邦（Tamil Nadu），可持续发展妇女组织（Women for Sustainable Development）是一个非营利性组织，该组织将监督700到1,000个沼气反应池（biogas reactors）的建设。沼气反应池是一种水井大小的简单封闭坑，村民把牛粪倒进坑内，物质发酵产生的气体可供炉子燃烧，替代煤油。另外两个可持续能源项目将在南非进行。其中一个是收集从污水处理设备中释放的气体，燃烧发电，再供应给南非约翰内斯堡附近的塞伯肯。另一个是用烧锯屑来代替柑橘农场的烧煤供热系统。锯屑是木材加工过程中的副产品，通常都被丢掉了。这些计划足以抵消足球比赛排放的所有二氧化碳。

世界杯的组织者还可以选择种树的方法——以前的体育赛事曾经采用过，如“超级碗”比赛——或者投资其他家庭植树计划。但这个方案遭到了否定，因为树木要生长很多年，才能吸收等量的释放气体。同样，并不是所有的可再生能源计划都是“削减”计划。环境保护组织认为，如果某个项目碰巧通过政府的资助启动了——如利用风能——并不能算作真正的削减。

最近，自愿性活动并没有产生可以用来进行交易的信用指数。想象一下，如果人们通过这类活动获得了信用指数会怎样。那些印度村民可以通过减少他们的排放量来赚取信用指数，再把它卖掉。总部设在纽约的美国环境保护协会（Environmental Defense）是一个非营利性组织，他们的国际律师安妮·皮松克（Annie Petsonk）说：“每个人都能参与进来，那该是多么有趣啊！能量效率将被大大地激发出来。”她还预言：“因此，我们谈论的是调整经济力量，以便在更大的尺度上保护环境。”

实践碳封存技术

撰文：丽贝卡 · 伦纳（Rebecca Renner）
翻译：王雯雯

INTRODUCTION

人们希望能够通过对排放的碳进行捕集及封存来应对全球变暖的危机，这一技术听起来似乎有点不可思议，但美国已经对二氧化碳封存开展了首次实战演习，结果喜忧参半。

封存二氧化碳：处于超临界流体状态的二氧化碳，被泵入美国得克萨斯地下的弗里奥地层，以检验地下碳封存技术。

在美国休斯敦市以东，得克萨斯州的地下深处，一项旨在解答二氧化碳地下封存的若干技术问题的研究项目，正在收获第一批试验结果。科学家们希望通过这类碳捕集及封存技术来缓解全球变暖的危机，同时不会对当地环境造成损害。在这个被称为“弗里奥地层”（Frio Formation）的地质结构中，初步试验数据正在源源不断地产生，为碳封存的方方面面提供了有益的指导。

埋藏二氧化碳可能会成为遏制全球变暖的一项重要举措。美国劳伦斯利物莫国家实验室的地

最早将二氧化碳泵入地下的，是北海上的Sleipner天然气田，不过作为一个商业油气田，它无法为科学家提供详尽的数据，来评估地下碳封存技术。

质学家朱里奥·弗里德曼（Julio Friedmann）说：“到2050年，各国的二氧化碳年埋藏量将达到5亿至10亿吨。”。地下能够封存的二氧化碳，相当于全世界数十年的排放总量。

咸含水层（Saline aquifer）是孔隙中充满了咸水的砂岩层，这是分布最广、潜力最大的封存候选地点之一。但是科学家们需要进一步了解它们的性质。美国劳伦斯伯克利国家实验室的萨莉·本森（Sally Benson）说：“我们知道如何注入二氧化碳——30年来，石油公司一直采用这种方式，从枯竭的油井中挤榨出更多石油。不过，要向地层大量注入二氧化碳，并使之长期封存于地下，这样的技术细节我们还并不清楚。”

商业企业也做过相关尝试——挪威国家石油公司（Statoil）经营的一座北海海上天然气田，向厚实的咸含水层每年注入100万吨二氧化碳。不过美国得克萨斯大学奥斯汀分校的地质学家苏珊·霍沃尔卡（Susan D. Hovorka）指出，类似的尝试其实不太适合科学研究。她强调，要想改进他们的模型，使之能够更准确地描述地下发生的变化过程，研究人员需要密切监控注入试验的进程；商业油气田的开采作业过于繁忙，无法进行这样的研究。

弗里奥实验项目便是在这种情况下启动的。2004年，这项由霍沃尔卡主持、投资金额达600万美元的项目，开始将3,000吨二氧化碳压缩为超临界流体（supercritical fluid），并加热到15摄氏度，然后泵入地下约1.6千米深处的一个厚达23米的砂岩层中。霍沃尔卡说，“我们想让二氧化碳渗入岩石的孔隙，并滞留在一些孔隙中，溶解在咸水里，甚至产生出一些新物质”，以此来困住二氧化碳。令她满意的是，三维地震成像技术（seismic imaging）等监测手段显示，几乎所有注入弗里奥地层的二氧化碳都被滞留在孔隙中，或者溶解在了咸水里。

但是霍沃尔卡和美国地质勘探局的地质化学家优素福·卡拉卡（Yousif Kharaka），还有他们的同僚们同时也发现，溶解在咸水中的二氧化碳让水变酸了。酸水又会溶解砂岩所含的一些矿物质，将其中的方解石和以铁为主的金属元素释放出来。这可能是好事，也可能是坏事。溶解部分岩石，为储藏二氧化碳提供了更多空间。但是释放出的金属元素可能会迁移至地面，对环境造成危害。例如，一些咸含水层可能含有砷和铀，对于这些元素，最好让它们一直沉睡在地下。

不过卡拉卡声称，咸含水层仍然是封存碳的极佳地点，在密闭性好的含水层里，这样的流体不会逸出。他指出，酸化的咸水可能会腐蚀水泥，因此在建造注气井时，必须使用抗酸的水泥，而那些陈旧的废弃井道必须严格禁用。

美国麻省理工学院的化学工程师霍华德·赫尔佐克（Howard Herzog）认为，弗里奥的数据还有助于评估其他的试验地点。他说：“一方面，该实验能帮助我们精挑细选出最佳的封存地点；另一方面，它也有助于积累知识，以便将碳封存技术推广，应用到许多情况各异的地点。”他补充说，关于二氧化碳如何在地层中渗透的详细数据，只能通过像弗里奥这样的研究项目得出。

霍沃尔卡和她的同事们也许需要抓紧工作：碳封存的商业化即将来临。2006年夏天，日本公开了他们的计划，打算到2020年每年封存2亿吨二氧化碳。石油巨头英国石油公司（BP）计划在洛杉矶附近建成一座耗资10亿美元的石油焦（petroleum coke）转化厂，将石油焦这种精炼原油时的副产物转化为氢，并每年封存约400万吨二氧化碳。

吸收温室气体的大烟囱

撰文：蔡宙（Charles Q. Choi）
翻译：刘旸

INTRODUCTION

减少温室气体的排放已成为共识，但如果能通过吸收二氧化碳来减少空气中的温室气体，也不失为一种好方法。最近，科学家们就发现了一种新的固态吸附剂。

研究人员一直在寻找能吸收二氧化碳的理想物质，以安装在烟囱中，阻止温室气体进入大气。目前，用于吸收二氧化碳的材料一般是海绵，但它存在不少缺陷：价格昂贵、耗能过多、吸收能力不强、稳定性不高……最近，美国佐治亚理工学院的化学学家克里斯多弗·琼斯

（Christopher Jones）及同事，发明了一种吸收能力强、作用时间久的新型固态吸附剂。

这种材料的主要成分是多孔硅，表面附有胺类物质，这是一种富含氮元素的化合物。胺具有碱性，可以中和酸性的二氧化碳气体。如果加热材料，还可将二氧化碳释放出来，以便进一步储存。琼斯说，这种材料成本很低，具有不计其数的分支结构，因而可以附着大量胺分子；另外，由于分子间由牢固的化学键连接，材料可以重复利用多次。

虚假的碳交易

撰文：马杜斯理 · 慕克吉（Madhusree Mukerjee）
翻译：张连营

INTRODUCTION

曾经被世界寄予厚望的“碳补偿计划”，即“清洁发展机制”在实施过程中并非那么顺利，它或许并不能像人们所预期的那样，承担起减少温室气体排放量，遏制气候变化的重任。

工业废气是导致全球变暖的重要因素。人们通常认为，联合国提出的“清洁发展机制”（Clean Development Mechanism，简称CDM），是减少工业废气排放量的一条便利途径。作为《京都议定书》中的一个条款，“清洁发展机制”允许工业国家从绿化成本较低的贫穷国家购买“碳补偿额度”，部分实现温室气体减排。从2005年联合国首度发布“碳信用额度”，到2009年碳交易量已达到2.5亿吨二氧化碳。《联合国气候变化框架公约》（U. N. Framework Convention of Climate Change）执行秘书伊沃 · 德博尔（Yvo de

清洁发展机制

清洁发展机制（Clean Development Mechanism，CDM）是京都议定书下面唯一一个包括发展中国家的弹性机制。京都议定书对联合国气候变化框架公约国家（均为发达国家）有具体的温室气体排放指标规定，其中不少国家一来不愿降低生活水平以降低能耗，二来节能技术已经达到较高水准继续挖潜难度较大，因此达到规定目标有困难，清洁发展机制允许这些发达国家通过帮助在发展中国家进行有利于减排或者吸收大气温室气体的项目，作为本国达到减排指标的一部分。

熊熊“碳”火：燃烧油田产生的废气会产生致癌物质和其他危险化合物，因此这一做法在尼日利亚被视为非法。但石油公司长期燃烧油田废气，因为这样就能利用“碳补偿计划”获取“碳信用额度”。

Boer）宣称，随着对碳排放的要求越来越严格，碳补偿将会“发挥越来越重要的作用”。

与此同时，针对CDM的批评声却日益高涨。批评者认为，尽管法规的制定者确实付出了艰辛努力，但相当一部分“碳补偿额度”只是一堆精心编造的虚假数字，导致一些国家大量排放温室气体，而其他国家也没有实施“补偿性减排”。

这种“数字游戏”的基础是“额外性”概念。为了获取碳信用额度，一个新项目从一开始，就要将生存目标瞄准“碳信用额度”带来的预期收益：项目进行中，温室气体排放量应低于不存在CDM时的水平。也就是说，相对于其他常规项目，新项目的温室气体减排量是“额外的”。因此，印度的一个电力开发商用风电厂替代火电厂后，就可以出售温室气体排放量的差额，作为一种补偿——不过，如果风电厂已在印度普遍存在（即风电厂已成为常规项目），那么新建风电厂就不能产生“碳信用额度”了。

然而，许多CDM项目似乎根本没起到抵消碳排放的作用。美国加利福尼亚州伯克利市的国际河流组织（International Rivers）发现，1/3的CDM水电项目没有经过验证就已经完工了。德国应用生态研究所（Germany’s Institute for Applied Ecology）的兰贝特·施奈德（Lambert Schneider）认为，全球所有CDM投资项目中，大约2/5的项目的“额外性”都有问题。据美国斯坦福大学气候学家迈克尔·瓦拉（Michael Wara）猜测，实际比例可能还要高一些，“但为何会这样，我们无从得知”。

英格兰著名环境组织“角楼”（Corner House）的研究人员拉里·洛曼（Larry Lohmann）解释说，判定哪些项目具有“额外性”非常困难，“单一的世界线（world line，即物体在时空中经过的路径）是不存在的，如果

没有CDM项目会发生什么情况，也不会只有一种说法，这是一个无法解决的难题”。

另一个令人担忧的相关问题是发展中国家动机不纯。在评估某个碳补偿项目时，评估顾问通常会考察即将接手该项目的发展中国家，并把该项目与这个国家以往的常规项目放在一起比较。这样的评估方式会刺激发展中国家尽量采用污染最严重的生产线，以便于从CDM项目中获取最高“碳信用额度”。这些含有大量“水分”的信用额度被出售后，将导致温室气体排放量增多，反倒不如根本不存在“碳补偿计划”。

废气燃烧在尼日利亚引发的争议便是一个典型例子。该国石油公司在开采石油时，随石油一起发现的天然气中通常有40%会被烧掉。相反，尼日利亚国有阿吉普石油公司（Agip Oil Company）则用旗下企业卡瓦乐炼油厂（Kwale plant）产生的废气发电，替换了本来用作发电的化石燃料，以减少温室气体排放量。这种策略为尼日利亚赚取了150万吨二氧化碳的可出售信用额度（在欧洲，1吨二氧化碳的信用额度即为一个认证减排单位，售价为15美元）。由于出售“碳补偿额度”能得到丰厚的回报，大大提高了开发商的积极性，因此废气燃烧项目被认定为具有“额外性”。

但石油观察组织（Oil Watch）激进主义者迈克尔·卡里克珀（Michael Karikpo）认为，这种做法简直让人“忍无可忍”。在尼日利亚，燃烧废气是一种非法行为，因为这样会产生苯之类的致癌物质，还会引发酸雨。他补充说，任何公司都不能通过践踏法律来获利，“这就好比一名罪犯索取钱财后才停止犯罪一样”。然而，发展中国家宣布某个项目具有“额外性”的动机非常强烈。尼日利亚泛洋石油公司（Pan Ocean Oil Corporation）已向CDM提出申请，希望处理加工旗下Ovade-Ogharefe油田制造的废气。如果政府从现在开始推行法律禁止燃烧废气，该项目会被认定为不具有“额外性”，尼日利亚也将牺牲一笔可观的

为污染者做嫁衣

世界银行本应是可持续发展的推动者，但它资助“碳补偿计划”的资金却讽刺地流入了污染制造者的口袋。举例来说，在印度古吉拉特（Gujarat, India），世界银行下属的私营部门借贷分部（private sector lending arm）资助了一个火力发电厂，该发电厂每年将制造2,570万吨二氧化碳。与此同时，世界银行还希望通过出售每年多达300万吨的“碳补偿额度”以收取高额佣金，而这些“碳补偿额度”正是上述发电厂采取节能措施所获取的。美国华盛顿政策研究所（Institute for Policy Studies）的珍妮特·雷德曼（Janet Redman）指出，世界银行的碳融资项目中，80%都投资在煤炭、化工、钢铁等污染产业的“碳补偿”项目上。

利益。

不过，CDM执行委员会已调整评审程序，提高“额外性”测试的严格程度。举个例子，该委员会现已不再接受以三氟甲烷（简称HFC-23，生产制冷剂时产生的一种温室气体）为燃料的项目申请，因为这些项目带来的“碳信用额度”就像“天上掉下来的馅饼”，会进一步刺激人们仅仅为了燃烧三氟甲烷而设立更多化工厂（由于三氟甲烷的高聚热性能，每燃烧1吨三氟甲烷获得的二氧化碳信用额度多达12,000个）。

一些观察人士认为，“清洁发展机制”的发展方向已远远偏离了降低温室气体排量的初衷。瓦拉认为，再多的修补都已无法堵住“额外性”这个“根本性的设计漏洞”。2008年11月，美国国家审计总署（U. S. Government Accountability Office）发出警告：碳补偿计划“也许并非缓解气候急剧变化的长期、可靠的办法”。2009年1月，欧盟委员会决定，在相对发达的发展中国家逐渐废除CDM，让这些国家感受到压力和紧迫性，以接受约束性减排承诺。另一种提议是，设立一个基金会，取代CDM，让发展中国家既可大搞绿色工程，又免于产生“碳信用额度”——这样一来，“额外性”概念也就不复存在了。

然而，完全废除CDM及其他“碳补偿计划”并非易事，因为它们是工业国家达成减排目标最简便的办法。美国正在酝酿一项法案，计划在2020年达到减排20%的宏伟目标。但该法案的规定极为宽松，以至于美国完全可以通过购买“碳补偿额度”轻易实现这个目标。

埋藏气候变化

撰文：戴维·别洛（David Biello）
翻译：蔡萌萌

INTRODUCTION

将排放的二氧化碳捕集并封存在地下是减少二氧化碳的一个好方法,虽然造价十分昂贵,但美国的一个发电厂已经进入实施阶段,这标志着解决燃煤电厂碳排放问题目前唯一可行的技术开始了首次商业化试点运营。同时也意味着人们可能要为电费付出更多的代价，但如果真的能够减少二氧化碳的排放量，这或许是一桩划算的买卖。

到2014年，至少有50万吨二氧化碳将被注入美国西弗吉尼亚州纽黑文市附近“登山发电厂”（Mountaineer power plant）地下的岩石深处。尽管只占全球温室气体排放总量的0.00001%不到，甚至不足该发电厂自身二氧化碳排放量的2%，这项于2009年9月启动的碳封存计划，仍标志着解决燃煤电厂碳排放问题目前唯一可行的技术开始了首次商业化试点运营。这个发电厂也成了全世界众多煤炭企业希望效仿的一个典范。

美国电力公司（American Electric Power）发电项目执行副总裁尼克·埃金斯（Nick Akins）介绍说，煤炭发电大约占到美国电力生产的50%——而在他们公司，该比例甚至高达75%。登山发电厂就是美国电力公司旗下的一员。这座发电厂能够生产1,300兆瓦的电力，是美国最大的单座燃煤发电厂之一，也是二氧化碳排放的主要源头。（全球温室气体排放最多的两个国家——美国和中国，每年燃烧的煤炭多达40亿吨。）

正因为如此，从煤炭公司到环境团体，几乎每个人都意识到了碳捕集与封存（CCS）的迫切性。在显著并快速地削减温室气体排放量的过程中，这种技术将发挥关键作用。然而，二氧化碳捕集技术的成功试点实在屈指可数，而且除了把二氧化碳泵入油井驱采石油以外，几乎从未进行过任何封存二氧化碳的尝试。

为了从烟囱中捕获二氧化碳，登山发电厂采用了所谓的“冷氨技术”（chilled ammonia），利用碳酸氨化学反应从废气中抽离二氧化碳。（另外两种基本的捕碳技术，要么要求在纯氧环境中燃烧煤炭以产生富含二氧化碳的热气流，要么要求把煤气化，再用虹吸方式取走气化过程中产生的二氧化碳。）

登山发电厂把捕集到的二氧化碳至少压缩13.8 MPa，将它液化

美国西弗吉尼亚州纽黑文市附近“登山发电厂”的二氧化碳捕集单元，利用冷氮洗涤技术将燃煤产生的二氧化碳攫取出来，再把它封存到地下。

并注入大约2,400米深的地下。在这么深的地方，液态二氧化碳会流经多孔隙岩层，吸附在细小的空间里，随时间缓慢扩散，最后与岩石或盐水发生化学反应。美国得克萨斯大学奥斯汀分校的地质学家苏珊·霍沃尔卡（Susan Hovorka）在泛泛地谈到CCS时解释说："二氧化碳的最终归属，不是盐穴，也不是地下河，而是各种微观孔洞。把这些小孔加起

来，空间其实是很大的。”事实上，美国能源部估计，美国地下的地质储存空间可以容纳3.9万亿吨二氧化碳，足以满足美国大型工业企业排放的每年32亿吨二氧化碳的封存需求。

登山发电厂的地下有两种地质构造，分别是Rose Run砂岩和Copper Ridge石灰岩，位于多层渗透性相对较差的岩石之下，这些岩石层会把二氧化碳隔绝在地下。美国电力公司CCS工程经理加里·斯皮兹诺格（Gary Spitznogle）说：“我们的一部分项目就类似于让这些地质构造接受‘实战’检验，弄清楚它们对二氧化碳的接受能力。”毕竟，美国俄亥俄州的一项类似尝试显示，地质构造储存二氧化碳的能力低于预期。该公司将通过三口专用钻井来监测二氧化碳，另外两口井则用于将二氧化碳泵入到地下的预定位置。

二氧化碳的捕集和封存过程，在化学上和地质学上看似简单，工程造价却十分高昂。美国电力公司仅在登山发电厂的二氧化碳捕集技术上，就将独立投资7,300万美元。他们还申请了3.34亿美元的联邦刺激资金（据该公司称，这只相当于总造价的一半），用于扩大项目规模，力争在未来几年内将该发电厂20%的碳排放封存到地下。

尽管CCS成本高昂，但对此感兴趣的绝非只有登山发电厂一家。美国多家公共事业公司正计划耗资数十亿美元兴建配备CCS设备的新发电厂；其中亚拉巴马州电力公司的捕碳能力或许会超过登山发电厂，把锡特罗内尔油田（Citronelle Oil Field）巴里发电厂（Plant Barry）产生的15万吨二氧化碳埋入地下。中国已有几个试点项目开始运行，而在冰岛，一个国际研究协会将把二氧化碳注入地下的玄武岩中，它们会在那里发生化学反应，生成碳酸盐矿物。

然而，就算二氧化碳会被永久封存在岩石层里，和煤炭有关的其他环境问题依然存在。CCS技术根本无法修复煤炭开采带来的环境影响，特别是移山露天开采和有毒粉煤灰残留的问题。此外，尽管美国环保局已经着手制定二氧化碳地下注入井的操作规范，但仍然很难确定地下多孔空间资源的归属问题，也很难明确一旦事故发生，比如突然爆发气体泄漏事故时，究竟该由谁来负责。

尽管如此，考虑到对碳排放实施监管的趋势已经越来越明显，公共事业公司预计，未来几十年内CCS设备将得到全面普及。斯皮兹诺格说："我们的首套完整规模的CCS设备会在2015年前后投入使用，到2025年，我们的大型燃煤电厂会有相当多的设备安装到位。"

这就意味着电价将会上涨。2007年5月，美国能源部估计，如果用氨洗涤法捕集发电产生的90%的二氧化碳，每兆瓦时发电成本就会超过114美元，而不采用CCS技术时，每兆瓦时发电成本仅有63美元。对于消费者来说，这意味着每用一度电就要多掏大约0.04美元的电费——如果能够降低大气中温室气体含量，这或许是一笔划算的买卖。

否决“气候门”

撰文：戴维·别洛（David Biello）
翻译：红猪

哥本哈根会议的召开使气候科学走出电子邮件失窃案带来的阴影。

尽管哥本哈根上空一片铅灰，但当192个国家的领导人聚集起来，就气候协议展开谈判时，至少有一件事是清楚的：同样一吨二氧化碳，在美国、印度还是其他地方排放，对全球造成的影响是一样的。这一简单而又老生常谈的事实，只是指明人类活动影响气候的众多证据之一。就算英国东英吉亚大学气候研究组（CRU）失窃的1,000多封电子邮件和计算机代码会在哥本哈根会议的与会者心中引起任何疑惑，这些证据也沉重得足以将那些疑惑压得粉碎。

这场盗窃事件在2009年11月以“气候门”为题登上了报纸头条，科学家的大量私人通信也随之公之于众。对气候科学唱反调的民众和政客，包括美国俄克拉荷马州议员詹姆斯·因霍夫（James M. Inhofe），都宣称这条消

息说明气候科学还远未得出定论，研究人员在研究中使用了“trick”（这个英文单词可译为诀窍、窍门，也可译为诡计、欺诈，因此让公众产生了误解），而且还隐瞒了不利于他们结论的数据。

实际上，失窃材料中没有任何东西能够削弱“气候变化正在发生，人类活动难辞其咎”这一科学共识。美国得克萨斯理工大学的气候科学家凯瑟琳·海霍（Katherine Hayhoe）指出：“任何一个实验室里的任何一个本科生，都能证明吸热特性。气候变化的确定，以及人类活动的作用，都得到了多方面证据的支持。”这些证据包括正在融化的冰盖、正在消退的冰川、正在升高的海平面以及越来越早到来的春天，更不用说不断攀升的全球平均气温了。

在2009年12月4日的一次媒体电话会议上，美国宾夕法尼亚州立大学的气象学家迈克尔·曼（Michael E. Mann）说：“继续排放温室气体会造成更大的破坏。”他的邮件也在此次事件中被曝光。

造成这场混乱的部分原因，是对被盗电子邮件措辞的误解。某封邮件中提到的“trick”，实际上是指研究人员决定采用直接观测得到的温度，而不用从树木年轮中得来的

气候门

2009年11月，某黑客入侵CRU服务器，将存储在上面的个人档案及电子邮件发布在网络上（也有人认为并非黑客所为，而是内部人员所为）。1996年以来的1,000多封电子邮件以及3,000多份内部文件被盗取。对温室效应持反对意见的团体认为，那些电子邮件通信是为了将气候变迁归咎于人类活动而对数据进行窜改的密谋。他们将此事件作为科学史上的一大丑闻进行宣传，并模仿水门事件（Watergate）将此事件命名为“气候门”（Climategate）。

气候喧嚣：2009年12月，哥本哈根的抗议者联合示威，呼吁政府采取切实行动。

替代数据。在科学研究中，这个单词通常指一种解决问题的策略和窍门，而不是什么欺诈和诡计。失窃的电子邮件也确实对一些科学论文指名道姓地提出了挑战，其中一封邮件写道，“就算我们必须对‘同行评议’这个词重新定义”，也一定要把那些论文排除在联合国政府间气候变化专门委员会（IPCC）的报告之外；话虽如此，这些论文最终还是被列入了IPCC最近的报告当中。

美国卫斯理大学（Wesleyan University）的经济学家加里·约埃（Gary Yohe）认为，就算CRU数据“被斥为受到污染，那也没有关系。CRU只是分析研究中采用的众多数据来源之一，而分析的结论已经得到全世界其他研究人员的证实”。其他的数据来源包括美国航空航天局的戈达德空间研究所、美国海洋与大气管理局的国家气候数据中心，甚至还有IPCC，所有这些机构都提供原始数据的查询。

不过这些邮件确实暴露出了至少一个误判：CRU主管菲尔·琼斯（Phil Jones）给迈克尔写了一封邮件，要求他删除与“AR4”相关的所有通信往来；“AR4”指的是一份即将出炉的IPCC报告。“据我所知，没有人将这个要求付诸实施。我并没有删除任何电子邮件，”迈克尔如是说。原封未动的完整电子邮件似乎佐证了他的说法，不过他当时的反应是，答应琼斯的要求去联络另一位科学家“吉恩”（Gene）。现在，琼斯已辞去了CRU主管一职。

失窃电邮最终可能会在气候科学界开出一扇社会学观测的窗口。NASA戈达德研究所的加文·施密特（Gavin A. Schmidt）说：“它们记录了真实的科研过程。”未来的历史学家会明白“科学家也是人，而科学又如何在人犯错误的情况下进步。他们会明白，为什么科学并不完美，但科学事业依然坚如磐石”。

IPCC主席拉金德拉·帕乔里（Rajendra Pachauri）在气候辩论中指出：“科学家已经尽到了他们的责任。”毕竟，IPCC报告的作者们需要与190多个国家达成共识，并对草案文件中的每条评论做出公开回应。帕乔里哀叹道：“可惜的是，这场（气候）谈判正在彻底政治化。”所以，这么一宗盗窃案才会闹得沸沸扬扬。“这会对立法者的判断或是民意产生显著影响吗？不，我觉得不会，”美国普林斯顿大学的大气学家迈克尔·奥本海默（Michael Oppenheimer）说，“但这种事谁都说不准。”

“度”量气候变化

撰文：戴维·别洛（David Biello）
翻译：蒋顺兴

INTRODUCTION

人们渴望知道地球升温到什么程度、增加多少二氧化碳才是安全的，这在目前尚未有定论，但不管怎样，我们知道这个会令气候产生不可逆转变化的临界值是存在的，并且气候越温暖，我们就离危险越接近。

2009年12月，全球领导人齐聚哥本哈根，为气候变化之争更添了几分火爆。这是因为，虽然人类想要避免的灾难相当明确——首当其冲的就是火灾、洪水和干旱，但阻止气候变暖采用哪种策略更正确，就没这么明确了。尽管努力了几十年，但无论是温度还是大气中温室气体的浓度，科学家都没能掌握一个“度”——一个超过它就会带来灾难的临界值。

美国斯坦福大学的气候学家斯蒂芬·施奈德（Stephen Schneider）说，如果要明确定义气候相对于气候变化推动力（如不断升高的大气二氧化碳水平）的灵敏度，“我们知道的并不比1975年时多多少”。上世纪70年代，施奈德率先提出了“气候灵敏度”（climate sensitivity）这一术语。然而直到现在，“我们知道的也只是：如果增加单位面积上接收的热功率，这个系统就会变热”。

温室气体可以像毯子一样截留太阳的热量，从而增加

地面接收的热功率。过去一个世纪以来，它们已经使地球升温了0.75℃左右。科学家能够测出温室气体使地面增加了多少热量（大约每平方米3瓦特），但我们无法精确定义它对气候变化的影响，因为还有许多其他因素也在发挥作用——比如云对于气候变暖的反馈、气溶胶（aerosol）的冷却作用、海洋对热量和气体的吸收、人类对地貌的改造，甚至阳光强度的自然变化等。美国航空航天局戈达德空间研究所的气候建模专家加文·施密特（Gavin Schmidt）说："我们或许还得再等上二三十年，21世纪的数据才能积累到足以确定气候灵敏度的程度。"

尽管存在这么多变数，科学家还是在一百多年前就注意到，如果大气中二氧化碳浓度在工业革命前280 ppm（百万分之一）的基础上翻一番，全球平均气温很可能会上升3℃左右。

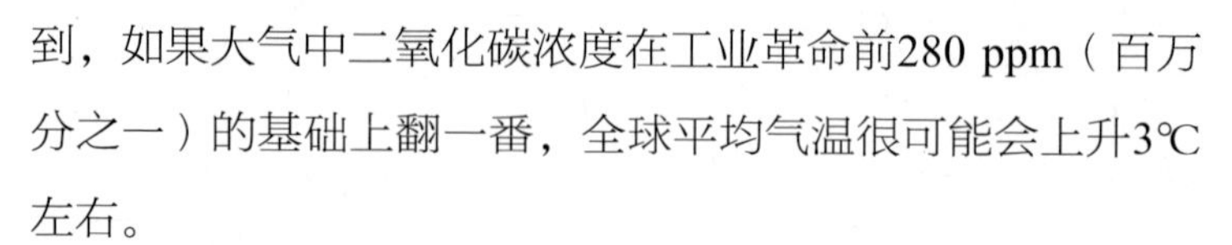

但是，对于人类文明的存亡来说，升温到什么程度、增加多少二氧化碳才是安全的，目前仍停留在主观判断上。欧洲各国政要已达成一致，在2100年之前，要将全球

气体的无限排放：工业界今天排放的温室气体会持续温暖地球达几十年之久，因此研究人员无法确定在不破坏生态健康的前提下，地球还能够承受多少这样的排放。

平均气温相对于工业革命之前的上升幅度控制在2℃以内，对应的温室气体浓度约为450 ppm。美国哥伦比亚大学的地球化学家华莱士·布勒克（Wallace Broecker）说："现在的浓度已经是387 ppm，而且正以每年2 ppm的速度增加。这意味着，浓度达到450 ppm只需要30年。到2100年只要能控制在550 ppm，那就已经算走运了。"

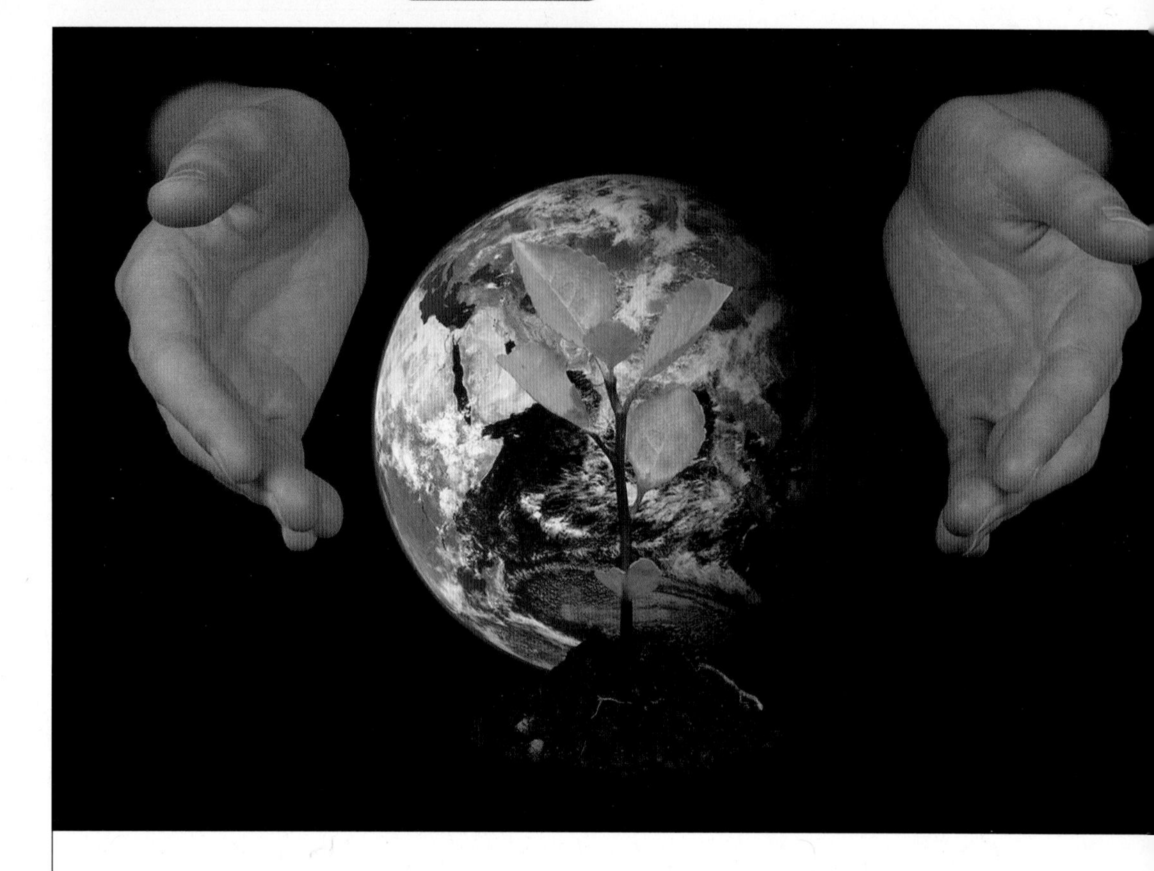

戈达德空间研究所的詹姆斯·汉森（James Hansen）主张，大气中温室气体浓度必须降回到350ppm以下，而且必须尽快。用他的话来说，升温“2℃绝对是一场灾难”。他还指出，气候变化的影响近年来明显呈现出愈演愈烈的趋势，“如果还想阻止北极海冰融化这样的危机，恢复地球能量平衡就是必须要做到的事情”。

其他一些科学家，比如英国牛津大学的物理学家迈尔斯·艾伦（Myles Allen），则从相反的角度分析了这个问题：想要确保安全，大气中还能再增加多少二氧化碳？根据艾伦及其课题组的研究，要保证增温幅度小于2℃，人类在2050年前只能向大气排放1万亿吨二氧化碳——而人类现在已经排放了超过一半。换句话说，煤、石油和天然气的已知剩余储量中，人类只能再燃烧1/4。艾伦说："为了解决这一问题，我们必须完全停止二氧化碳的净排放。从现在起，排放量必须每年下降2% ~ 2.5%。"

美国明尼苏达大学气候学家乔恩·福利（Jon Foley）参与了一个课题组，给包括气候在内的10大地球系统定义了安全界限，他主张我们应该慎之又慎。他比喻说："质量守恒定律告诉我们，如果想让浴缸里的水面就维持这么高，要么关小水龙头，要么就必须扩大排水口。（到2050年二氧化碳）排放量降低80%，是我们能够维持这种稳定状态的唯一途径。"

美国国家科学院已经召集了一个专家组，对适合于美国的"稳定目标"进行评估裁定。当然，由于地域不同，是否构成威胁的标准也会有所区别，比如美国佛罗里达州和明尼苏达州的情况就不同，美国和马尔代夫差别就更大了。

且不说将大气中温室气体的浓度降回到350 ppm以下，就算只是维持在550 ppm以下，就不仅要求人类社会在从工业生产到饮食习惯的方方面面都做出巨大改变，还很可能需要发明新的技术，比方说直接从空气中捕集二氧化碳。美国哥伦比亚大学的物理学家克劳斯·拉克纳（Klaus Lackner）相信："空气捕集可以缩小差距。"他正在寻求资助来建造这样一个装置。

缩小差距至关重要，因为过去一个多世纪观测得到的最佳数据显示，气候对于人类活动非常敏感。"一旦超过就会发生不可逆转变化的临界点是存在的，只是我们不知道在哪里，"施奈德指出，"我们只知道，气候越温暖，距离危险也就越近。"

把碳“锁”进玄武岩

撰文：戴维·别洛（David Biello）
翻译：蒋顺兴

INTRODUCTION

同样是将碳封存的技术，有人想到了玄武岩——这类岩石能够将二氧化碳储存起来，并进一步发生化学反应转换成碳酸盐矿物。考虑到这种岩石分布广泛，其前景也更加光明。

政客和科学家所列举的、有助于对抗气候变化的一项关键技术，就是吸收从烟囱里排放的二氧化碳和其他温室气体，并把它们埋到地下。但二氧化碳埋在哪里最好，仍是一个尚未解决的问题。最近的分析表明，美国东海岸外的火山岩是最理想的地点。

这种被称为玄武岩（basalt）的岩石，可能比深层含盐蓄水层或枯竭油井等其他地点更好，因为这类岩石不仅可以存储二氧化碳，还能在一个相对较短的时间里将二氧化碳转化成碳酸盐矿物，也就是俗称的石灰石（limestone）。近海玄武岩还有其他好处，其上覆盖的

吸收温室气体的“海绵”：玄武岩这种火山岩可以将二氧化碳转换成石灰石，因此是一种分布广泛并且能进行碳截存的理想物质。

海水可以作为第二道屏障，防止温室气体泄露。

美国拉蒙特－多尔蒂地球观测站（Lamont-Doherty Earth Observatory）的戴维·戈德堡（David S. Goldberg）领导的研究此前已经证明，美国加利福尼亚州、俄勒冈州和华盛顿州西海岸外存在玄武岩。该课题组的最新研究发现，美国佐治亚州、马萨诸塞州、新泽西州、纽约州和南卡罗来纳州的东海岸外也存在大量玄武岩。戈德堡和他的课题组在2010年1月4日的《美国国家科学院院刊》网络版上报道说，新泽西近海的一个岩石组就可以存储多达10亿吨的二氧化碳。当然，每年全世界所有国家排放的二氧化碳总量超过300亿吨。

美国地球研究所伦费斯特可持续能源中心（Lenfest Center for Sustainable Energy）主任克劳斯·拉克纳（Klaus S. Lackner）指出，如果科学家能够证明二氧化碳可以被固定在地下（相关实验正在美国俄勒冈州近海和冰岛进行），考虑到玄武岩的广泛分布，它们会变得十分重要。拉克纳指出：“从西伯利亚玄武岩地盾到印度的德干高原（Deccan flats），拥有大量玄武岩的地方遍及世界各地。”

IPCC审查工作流程

撰文：戴维·别洛（David Biello）
翻译：朱机

INTRODUCTION

非洲农作物将减产，亚马孙雨林也将衰退，喜马拉雅冰川将在2035年消失。以上错误预言摘自联合国政府间气候变化专门委员会（IPCC）2010年的报告——一份由大约2,500名科学家和各方面专家审阅，并通过190多个国家官方审查的报告。那么，IPCC的工作流程是否需要因为3,000多页的报告中出现少量错误而进行修改呢？

总部设在荷兰阿姆斯特丹、由包括美国科学院在内的全世界多个国家科学院构成的国际科学院委员会（Inter Academy Council，IAC），成立了一个专门小组对上述问题展开调查。“这项审查会独立展开，”荷兰皇家文理院（Royal Netherlands Academy of Arts and Sciences）院长、IAC联席主席、物理学家罗贝特·戴克赫拉夫（Robbert Dijkgraaf）说。该调查是应联合国和IPCC的要求而展开的。戴克赫拉夫还说：“我们已经准备好承担起这一重要任务，以确保世界各国都能获得可靠的气候建议。”

联合国为IAC提供交通及会务资助，审查工作本身则没有报酬。专门小组肯定不会逐一审核“气候科学的大量数据”，戴克赫拉夫解释说，“我们的工作是，调查工作流程，查看应该如何改进，如何才能避免某些类错误的发生。”

喜马拉雅冰川在未来数十年内可能还不会融化。

戴克赫拉夫应该知道答案。毕竟，IPCC报告中有一个错误就直接来源于荷兰政府提供的数据，即荷兰低于海平面国土面积所占百分比，以及由此推出的“荷兰易受海平面上升引发洪水的威胁”这一结论。在后来发布的一份声明中，荷兰政府修正了这一百分比，将低于海平面的国土面积从55%降到了26%。

专门小组还将决定IPCC应该如何对待气候科学中不同领域内的不同观点，比如海洋学家对海平面上升速率就并未达成共识。“在审查中，我们被特别要求，去分析IPCC处理不同科学观点的方式，”戴克赫拉夫说，“任何一门科学都要定期接受外界的审查。审查只会让科学得到加强。”

控制全球变暖的捷径

撰文：戴维·别洛（David Biello）
翻译：高瑞雪

控制煤烟和甲烷的排放是一个减缓全球变暖的快捷方法。

人类在应对气候变化上几乎毫无作为。2010年，全球二氧化碳排放量再创历史新高。万幸的是，现在有了一个替代方案——控制其他温室气体。2012年1月，《科学》（*Science*）杂志发表了一篇经济学和科学分析报告，该报告指出，采取措施，降低甲烷和黑炭（即煤烟）的排放量可以改善空气质量，促进人类健康，提高农业产量。更妙的是，在全球范围内仅仅实施14项控制煤烟和甲烷排放的措施，就能得到全部潜在收益的近90%，而且还有额外奖励附赠：根据计算机模拟结果，到2050年，这14项措施还能抑制全球变暖大约0.5℃。

与二氧化碳相比，甲烷和煤烟停留在大气中的时间很短。有一些说法甚至认为，我们可以在数周或数月内就看到效果，不需要像控制

二氧化碳排放量那样等上几十年。这些立竿见影的方法包括：收集并燃烧煤矿甲烷气体，实现煤矿甲烷零排放；消除石油和天然气钻探中因通风或意外泄漏而放出的甲烷；采集垃圾填埋场释放的气体；促进可生物降解垃圾的回收利用和堆肥处理。

这并不意味着二氧化碳就可以置之不理了。我们如果继续以当前速度排放二氧化碳，那仍然是在“积蓄”祸端。但是，从煤烟和甲烷着手，可以为我们争取时间，或许更重要的是，能够显著降低灾难性气候变化的可能性。

话题三

海洋环境的恶化

如果有外星人，他们也许会将地球叫做“蓝星”：地球表面70%是蓝色的海洋。海洋环境直接关系到人类的生存。然而，海洋却正在面临越来越多的威胁：赤潮、漏油、来自陆地的污染……这些问题综合起来又会怎么样？全球不同研究机构、不同学科的60多名研究人员提出了“海洋健康指数”这个概念，来告诉大家，我们的海洋到底处于一个怎样的状态？她是否还健康？

海岸“死亡地带”逐渐扩大

撰文：戴维·别洛（David Biello）
翻译：刘旸

INTRODUCTION

需要“减排”的不仅仅是二氧化碳，还有“氮肥”——海水富营养化所引起的海岸“死亡地带”正逐渐扩大。

吸收硝酸盐后，藻类开始疯狂生长。它们死后，海洋沿岸一带就会产生一片巨大的缺氧水域，形成“死亡地带”，墨西哥湾便是一个例子。最新研究表明，“死亡地带”的生态环境将日益恶化。分解硝酸盐的反硝化细菌（denitrifying bacteria）已过度操劳：在充满腐败物质的排水沟中，它们平均能消耗16%的硝酸盐；即使在污染不严重的溪流中，反硝化细菌也只能消耗全部硝酸盐的43%。细菌的分解效率每况愈下，这就又为沿海地带的藻类留下许多食物。

另外，用玉米生产乙醇的计划，可能使现状进一步恶化。密西西比河是美国最大的河流，也是农田灌溉的主要水源。如果玉米种植量的增长速度保持现有水平，越来越多的氮肥将进入该河。到了2022年，密西西比河的氮污染程度将升高34%。科学家认为，如果美国政府既希望提高玉米乙醇的产量，又想降低氮排放量，唯一办法就是，让所有美国人停止食用肉类。

窒息生命的海洋

撰文：芭芭拉·洪科萨（Barbara Juncosa）
翻译：高瑞雪

INTRODUCTION

沿岸海域水中不毛之地的出现，不仅是农业用肥惹的祸，气候变化可能也起到了刺激作用。气候模型预测了海洋含氧量的大规模下降，这也许会造成新的、更大的“死亡区”。

“荒漠”这个词，让人想到灰蒙蒙的荒芜景象，在那里生命是短暂而艰辛的——假如那里还有生命存在的话。海洋也同样有荒凉地带。科学家发现，沿岸海域水中不毛之地的出现，不仅是农业用肥惹的祸，气候变化可能也起到了刺激作用。不断扩张的死亡区不仅给生物多样性带来麻烦，还对诸多国家的渔业造成威胁。

死亡区并非新鲜事物。它们在世界重要经济生态系统中季节性形成，如墨西哥湾（Gulf of Mexico）和切萨皮克湾（Chesapeake Bay）。很多大规模死亡事件是由农业废料引起的。自20世纪60年代起，氮肥日益广泛的应用使“死亡地带”的数量每十年翻一番，到2008年已有405块死亡区散布在全球海岸线上。

另一种不太为人所知的荒漠也出现了，那里并没有农田营养物质的输入。这类死亡区于2002年夏季在美国俄勒冈州首次被人发现。俄勒冈州鱼类及野生生物部的戴维·福克斯（David Fox）说，通常“我们会看到大量鱼群和众多各异的物种”，但调查显示海底堆满了鱼类及无脊椎动物的尸体。造成这一现象的罪魁祸首是

死蟹堆：美国俄勒冈州佩尔佩图阿角（Cape Perpetua）的一个潮水坑中，堆集着窒息而死的邓杰内斯蟹（Dungeness crab）。气候变化似乎使一些水域极度缺氧。

海水缺氧——在深层海水上涌到表层的海区内，有机物质分解后就可能出现这样的低氧环境。

俄勒冈州立大学海洋物理学家杰克·巴思（Jack Barth）评论说，缺氧区域出现在如此靠近海岸的地方，令研究人员十分震惊。十多年前，科学家从俄勒冈出海至少要航行80千米才找得到缺氧海水，但现在死亡区距离我们如此之近，甚至"从101号高速公路上打出一记全垒打"，棒球就可能落入其中。俄勒冈州立大学海洋生态学家弗朗西斯·陈（Francis Chan）说，令科学家感到惊讶和沮丧的是，"缺氧已经成为俄勒冈沿岸的一大特色"，因为这种现象每年夏天都会在海岸附近出现。

上升流系统，如俄勒冈海域的上升流区，通常都充斥着生命。陆风把表层海水吹离海岸，下方富含营养的冷海水上升取代它们，使浮游生物繁盛，进而为众多海洋生物提供食物。事实上，上升流系统带来了极为高产的生态系统，它们以仅仅1%的海洋面积，支撑了全世界20%的渔业产量。

但是，这些系统一旦增强，死亡区就可能形成。增强的原因可能是化肥物质流入，也可能像俄勒冈沿海那样是由于海洋环流变化。上升流增强会使更多营养物质到达表层，令表层浮游生物暴增。未被吃掉的浮游生物死亡后漂落至深层海水，被那里的细菌分解，这一过程需要消耗氧气。如果有机体的分解速率超过表层新鲜含氧海水的供应量，缺氧就会发生。

除俄勒冈以外，其他地区也出现了死亡区扩大的征兆。在南非，上升流生态系统的变化早在20世纪90年代初就被记录下来。由于沿海反复出现缺氧事件，价格不菲的大螯虾越来越频繁地来到更靠近海岸的地方寻找富氧海水，退

潮后往往意外搁浅在海滩上。在智利和秘鲁沿岸，缺氧现象尽管已经持续数千年，但近几十年来，低氧事件后洪堡鱿鱼和鱼类堆满海岸的报道日渐增多，预示着某些变化可能正在酝酿之中。美国斯克里普斯海洋研究所（Scripps Institution of Oceanography）的海洋生态学家莉萨·莱文（Lisa Levin）指出，这些系统中缺氧期的延长可能导致“物种多样性迅速下降，某些种群，比如甲壳类动物，会更为迅速地绝迹”。

美国迈阿密大学的安德鲁·巴昆（Andrew Bakun）认为，全球变暖也许正在推动上升流的这些变化，这种观点是他在1990年首次提出的。随着大陆变热，较暖的陆地上方和较冷的海洋上方气压差异变大，使驱动海水上涌过程的陆风加强。例如，俄勒冈每次出现异常强风期，总是会有缺氧事件随之发生。尽管事实证明风的长期数据难以分析，但智利和南非的陆风几十年来似乎确实有所加强。

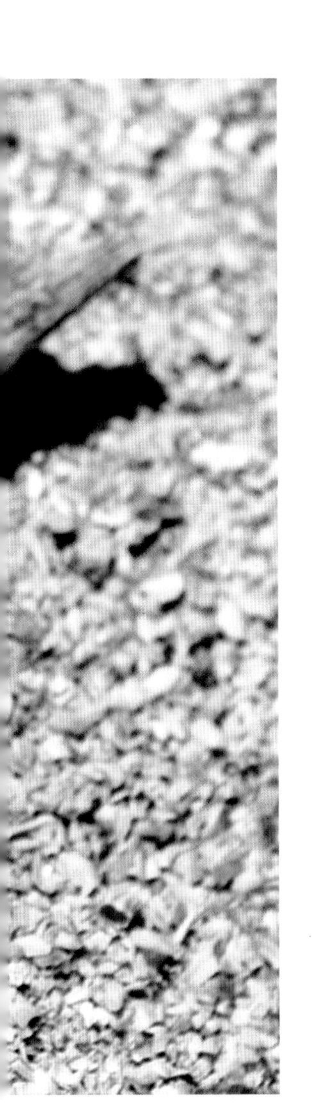

气候模型也预测了海洋含氧量的大规模下降。随着表层海水的变暖，它们吸收氧气的效率降低，像盖子一样阻碍氧气进入深层海水。如果氧气耗尽但富含营养物质的深层海水上涌到海岸区域，就可能引发局部缺氧。多项研究已经记录到整个太平洋含氧量的降低，这也可能是俄勒冈沿海出现缺氧事件的原因之一。

俄勒冈州立大学海洋生态学家简·卢布琴科（Jane Lubchenco）说，科学家面临的主要挑战是，缺乏充足的上升流系统长期监测数据。有研讨会提出加强监测的迫切需要，以及科学家之间持续交流的重要性。卢布琴科指出，“这些系统显然是不完全一致的”，但是对它们进行比较可以帮助研究者计算出缺氧如何发展。最终，持续扩大的低氧区最终是否会终结全球渔业（或许更确切的问题是，会在何时终结渔业），要回答这一问题，预言未来气候变化将起到至关重要的作用。

沉船有毒

撰文：马杜斯里·慕克吉（Madhusree Mukerjee）
翻译：蒋青

不为人知的违禁品或有毒物质随着沉船覆没于海底，可能会加剧海洋环境的恶化。人们应该对此提高警惕。

2009年10月，意大利政府宣布：发现于该国西南角海岸附近的那艘沉船，是第一次世界大战期间沉没的客轮“卡塔尼亚号”（Catania），而不是邻近的卡拉布里亚区当局之前声称的那艘载满放射性废料的货轮“昆斯基号”（Cunski）。意大利卡拉布里亚大学的迈克尔·莱奥纳尔迪（Michael Leonardi）却说，没有什么地方能让人放心。他和其他一些人仍然坚信，“昆斯基号”还在海底，而且载满有毒废物的沉船也不止这一艘——一个犯罪团伙已经把好几艘载满有毒废物的船凿沉在了地中海里。如果他们所言属实，这个惊人的消息不仅会毁掉这片田园式的黄金海岸上的旅游业和渔业，还会危及地中海地区居民的身体健康。

处理并安全地储集化工、制药及其他产业的废物，每吨要花费数百、甚至上千美元——这样一来，非法弃置废物的行为就能带来极高的回报。按照意大利环保组织Legambiente的说法，在意大利南部拥有处理基地的一些垃圾承运人把地中海当成了一个垃圾池。意大利罗马大学的物理学家马西莫·斯卡利亚（Massimo Scalia）虽然承认“目前尚未发现任何带有有毒和放射性废料的船只残骸”，但这位曾两次出任意大利议会非法废弃物委员会主席的科学家认为，其他一些证据表明它们的存在“绝非凭空捏造”。

斯卡利亚称，仅1979年到1995年间，就有39艘满载可疑货品的船只沉没；在每一起事件中，船员都在船沉之前很久就弃船了。根据Legambiente的资料，从20世纪80年代到90年代初，每年平均有两艘船令人生疑地消失在地中海中；而从1995年起，这个数字已经上升到每年9艘。正在协助调查的意大利《宣言报》（*Il Manifesto*）记者保罗·杰尔包多（Paolo Gerbaudo）已经查出74艘可疑船只，其中的20艘被认为“极度可疑”。（这些记录一直持续到2001年。）

“若利·罗索号”（Jolly Rosso）事件是一次著名的可疑沉船事件。这艘船在1990年12月被冲到意大利阿曼泰亚（Amantea）附近的海岸上。调查者认为，其实是有人想故意凿沉这艘船，只是手法比较拙劣。发现这艘船后，船上的货物被卸下，据说是被填埋了。2009年10月，意大利环境部的一份报告指出，地方当局在附近的河谷里检测到了危险物质，其中就有一个已被埋藏的、包含高浓度汞、钴、硒、铊的混凝土块，而且放射性相当可观，显示内部含有人工放射性核素（synthetic radionuclides）。当局还发现，上千立方米的泥土中混有大理石颗粒，这些泥土都被重金属和铯137污染——它们正是典型的核反应废料。这些事实汇总在一起就说明，“若利·罗索号”的货物中包含放射性废料，用混凝土封存，并用可以吸收放射线的大理石粉末掩人耳目以逃避侦测。

1979年~2001年 可疑货轮遇难记录

地中海中可疑沉船记录众多。（一艘沉船会因为其沉没地点、沉没时间、船只牌号、拥有者记录和其他因素的不完善而被列为“可疑”。）最臭名昭著的，要数1990年12月搁浅于意大利阿曼泰亚附近的“若利·罗索号”（见右上插图）。它明亮的红色船体是搁浅后重新上漆的结果，这样做也许是为了掩盖痕迹。地图上的资料包括已知的沉没和搁浅地点（红点）及怀疑的沉船或倾倒区域（黑点）。要想查看更详细的地图，请参见以下链接：http://infondoalmar.fatcow.com/index.php?lang=en。

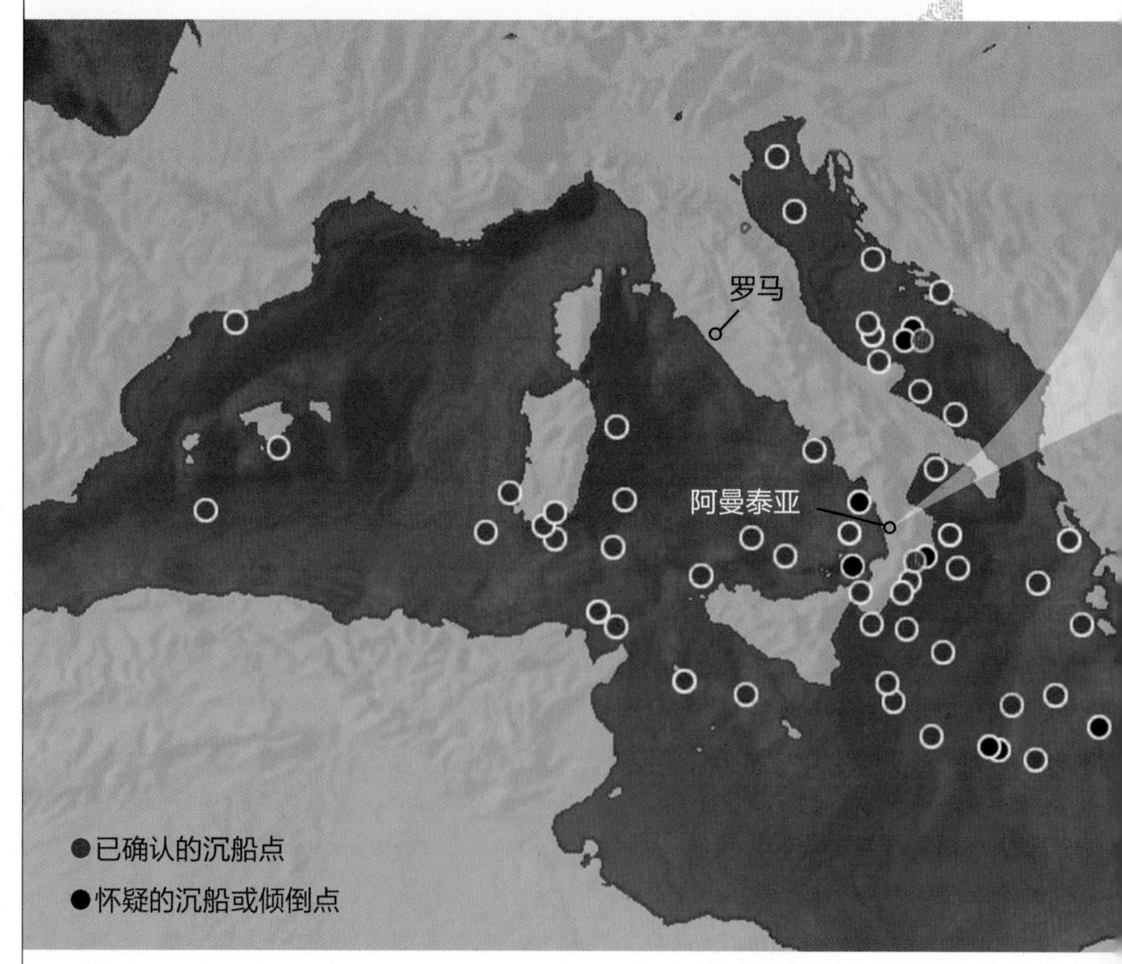

ROSSO

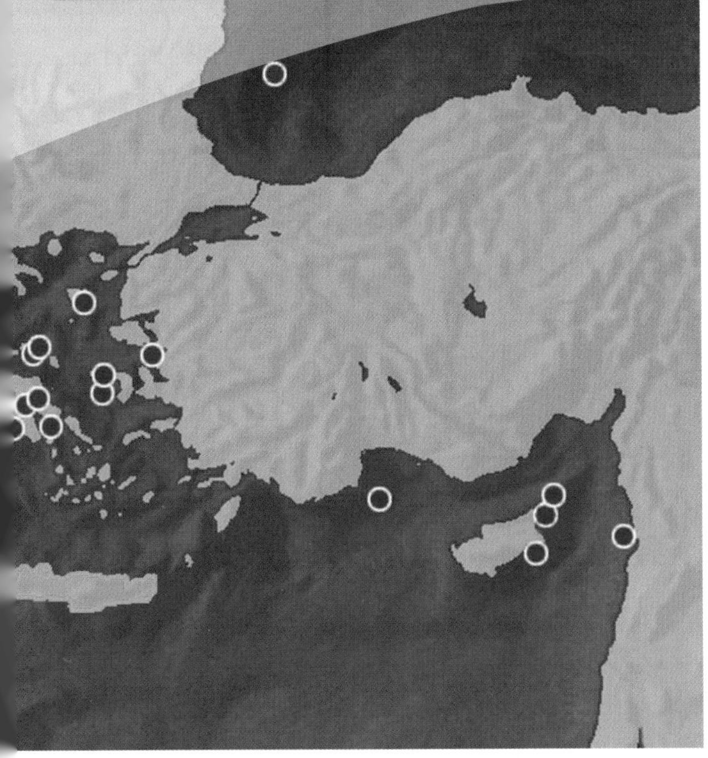

值得注意的是，沉船事故发生频率的提高与国际废料倾倒法规（dumping regulations）力度的加强密切相关。第一次可疑沉船事件就发生在1979年，《巴塞罗那公约》（Barcelona Convention）生效的次年——这个公约对往地中海倾倒污染物的行为做出了限制。接下来的十多年间，其他条约进一步拓宽了限制的适用范围。1993年，《伦敦倾废公约》（London Dumping Convention）修正案叫停了一切向海洋中倾倒核废料的行为；1995年，《巴塞尔公约》（Basel Convention）修正案则禁止各工业国家将本国的有害废料堆放在发展中国家——这两项修正案标志着对污染物倾倒的限制到达了顶点。

法律挫败了海洋倾倒管理公司（Oceanic Disposal Management）的野心——这个在英属维尔京群岛（British Virgin Islands）成立的公司，妄图把成千上万立方米的放射性废物弃置于非洲海岸线外的海床上。曾经领导过一场抵制有毒废物交易的绿色和平运动的安德烈亚斯·伯恩斯托夫（Andreas Bernstorff）报告说，现在用船只向非洲偷偷运送垃圾的阴谋在数量上大大减少，每年最多只有一起。这一现象的减少，与船只在地中海遭遇海难次数的突然升高恰好吻合，这可不是一个好兆头。

尽管人们对意大利南部给予了很大关注，但寻找失事船只、识别运载货物的工作仍进展缓慢。斯卡利亚指出，这些努力需要花费很高的代价，还要求“地方官员及政客做出认真的保证”。然而这类保证，除了“少数几个可敬的例外”之外，一直都是稀缺品。对暴力事件的恐惧也在阻碍调查进程。1994年，意大利电视记者伊拉里亚·阿尔皮（Ilaria Alpi）和摄影师米兰·赫罗瓦廷（Miran Hrovatin）在索马里追查到危险废料的线索后，在摩加迪沙附近遭枪击身亡。索马里国内的政治风波，让该国无力在废料处理方面实施控制。

意大利人可能面临何种健康威胁，相关的重要线索恐怕就隐藏在索马里这个非洲国家之中。“我们的委员会成员从索马里人那里听说，当地的很多人都出现了中毒症状，还有一些人死了，”斯卡利亚郑重地声明说。他口中的“那里”，就是阿尔皮和赫罗瓦廷目睹有毒物质卸货过程的高速公路支路沿线。2004年12月的海啸将海床上一些巨大的金属罐卷上了索马里海滩——这说明索马里海岸的水质也受到了问题垃圾的污染。一份联合国的报告称，这些不明物体放出糟糕刺鼻的气味，导致当地居民内出血甚至死亡。

2007年4月，卡拉布里亚当局因为海洋沉积物中重金属水平达到危险级别，暂时停止了切特拉罗海岸附近水体中的渔业活动。（据黑手党组织'Ndrangheta的一名叛逃者说，这片海域就是“昆斯基号”沉没的地点。）一项研究发现，在阿曼泰亚周边地区，1992年~2001年间的癌症死亡率超过了邻近地区；就像人们担心的那样，需要住院治疗的恶性肿瘤病例近年来也在上升。

2009年10月1日，在审议一项要求查清沉船位置、核实其货物是否安全的议会议案时，意大利反对党的28名立法委员警告说：“意大利几乎所有的海岸地带都可能会受到危害。”除非调查人员能够让“遇难”船只的真相大白于天下，否则地中海沿岸的疑虑将永远不会消除。

漏油猛如虎

撰文：戴维 · 别洛（David Biello）
翻译：蒋青

INTRODUCTION

2010年4月20日，英国石油公司（BP）的石油钻井“深水地平线”发生爆炸，上百万加仑低硫轻质原油从距离美国路易斯安那州海岸65千米以外、1,500米深的地下喷涌而出，被称为墨西哥湾漏油事件。该事件所引发的环境灾难可能会持续数十年。

20多年前，埃克森公司的“瓦尔迪兹号”（Exxon Valdez）油轮在美国阿拉斯加沿岸倾覆。如今，威廉王子湾（Prince William Sound）的海獭（sea otter）在掘食蛤蜊时，仍能刨到当年泄漏的石油。巴拿马巴伊亚拉斯米纳斯（Bahia Las Minas）红树林沼泽和珊瑚礁附近的油轮破裂事故，也已经过去了近28年，水面上至今浮油点点。运输燃油的驳船“佛罗里达号”（Florida）40多年前在美国科德角（Cape Cod）附近搁浅。时至今日，这片湿地水草之下的油污仍然让这块地方闻起来像个加油站。

美国墨西哥湾海岸恐怕也会遭到类似破坏：2010年4月20日，英国石油公司（BP）的石油钻井“深水地平线”（Deepwater Horizon）发生爆炸，上百万加仑（1加仑=3.785升）低硫轻质原油（light sweet crude）从距离美国路易斯安那州海岸65千米以外、1,500米深的地下喷涌而出。

海洋牛皮癣：英国石油公司的“深水地平线”石油钻井爆炸之后，墨西哥湾中形成了大量的浮油。石油中有毒的烃类在数十年内都会对环境和健康造成威胁。

事故发生后的一周内，每天都有20万至数百万加仑的原油流入大海。然而，阻止井喷的行动却漏洞百出，而且反应缓慢。这次泄漏的原油总量最终将会超过“瓦尔迪兹号”数倍，长期危及野生动物的生存和当地人的生活。

原油里有多种有害化合物，但是最令人担忧的还是多环芳烃（polycyclic aromatic hydrocarbon，PAH），比如萘（napthalene）、苯（benzene）、甲苯（toluene）和二甲苯（xylene）。这些化合物会让人类、动物和植物患病。“如果吸入或吞入这些烃，那就更麻烦了，”美国得克萨斯理工大学的环境毒理学家罗纳德·肯德尔（Ronald J. Kendall）说，“在哺乳动物或鸟类等生物体内，这些芳烃可以被转化成毒性更强的物质，对DNA造成影响。”最终产生的突变会使动物的生育能力减退，患上癌症，或出现其他问题。

然而，也不是所有的多环芳烃都会对环境造成威胁。因为蒸发作用，抵达水面的原油通常会损失20%~40%的烃。美国伍兹霍尔海洋研究所（Woods Hole Oceanographic Institution）的海洋化学家克里斯托弗·雷迪（Christopher M. Reddy）说：“蒸发是件好事，能够选择性地剔除大量我们不愿意在水体中看到的化合物。”原油也会乳化形成胶凝物（mousse，油和水形成的一种泡沫状物质），

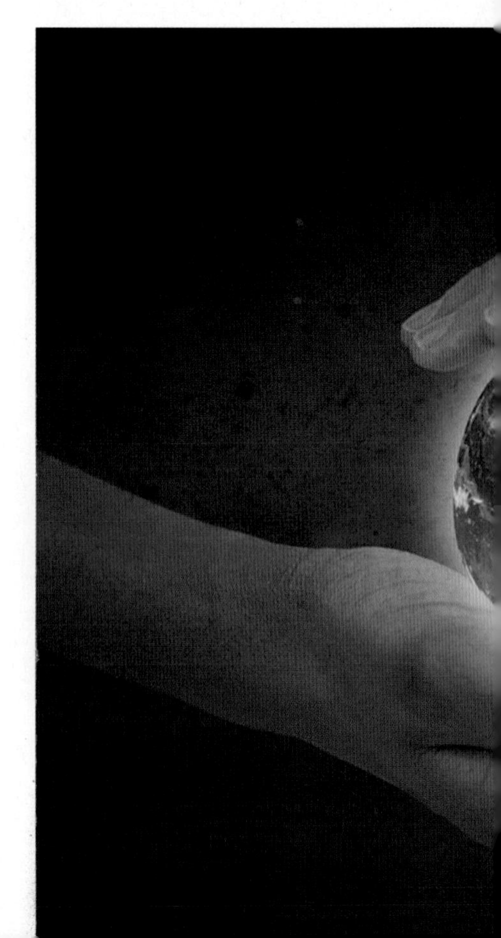

或者凝块形成所谓的“沥青球”（tar ball）。

令科学家惊讶的是，扩散达数千米的原油柱是从水面以下约1,000米的地方浮上来的，而在水面之下，石油中的有毒化合物会被冲刷出来，污染水体。雷迪说，这些化合物“在有机会渗入盐沼的过程中，渗透性会更强”，对野生动植物造成影响。受影响的野生动植物种类繁多，据美国得克萨斯农工大学（Texas A&M University）海洋生物学家托马斯·舍利（Thomas Shirley）统计，墨西哥湾中就生活着1.6万种动植物。这些生物的很多栖息地“都面临被污染物侵袭的危险”，但在2010年5月12日专为原油泄漏事故召开的新闻发布会上，美国国家海洋与大气管理局（National Oceanic and Atmospheric Administration，NOAA）局长、海洋生物学家简·卢布琴科（Jane Lubchenco）表示:“我们没有任何直接的方法确定哪些栖息地受威胁，也无法确定它们的数量。”

舍利说，在井喷区域，“上层水体中的任何东西都会暴露”在石油的化学物质下。这对生活在那儿的数百万浮游动物（zooplankton）来说，确实是个坏消息。这些污染最终会层层递进，影响到食物链上层。“如果从这张巨大的食物网中移除一些组成部分，会发生什么？”舍利自问自答，“我们确实不清楚，但恐怕不是件好事。”

关于长期危害，研究者们最担心的，是油污被冲上陆地的情况。“油污一旦因为高潮或海风的作用被推入海岸湿地，就会陷进沉积物中，”巴拿马史密松亚热带研究所（Smithsonian Tropical Research Institute）的埃克托尔·古斯曼（Héctor M. Guzmán）说道，他曾研究过1986年巴拿马海岸附近的石油泄漏事故，“此后的数十年里，你会发现油不断地渗出来”。沼泽是野生生命的孵化所，孕育着从鱼到鸟的各类生命，因此也特别关键。沼泽地带如果被污染，就可能伤害其中孕育的胚胎，会对一个物种产生持续好几代的影响。

油污能否被阻挡在湿地之外，取决于天气。波涛汹涌的大海会淹没阻挡油污用的障壁。“飓风，甚至热带低气压都是灾难性的，”肯德尔强调说，“它们会把油污推到难于清除的地方。”

当然，人人都希望能把油污尽快清除掉，不让上述危害发生。比起威廉王子湾，墨西哥湾的温暖气候确实有助于细菌和其他自然力加速降解油污。工人们先前更是倾倒了成百上千加仑的化学分散剂，让浮油散开。当然，分散剂本身具有毒性，使用它们会有风险，这也引起了环保主义者的关注。孰是孰非，NOAA的卢布琴科恐怕给出了最好的总结：“只要发生原油泄漏事故，就不会有什么好结果。”

墨西哥湾漏油事故后续发展

事故发生后，漏油事故附近大范围的水质受到污染，不少鱼类，鸟类，海洋生物以至植物都受到严重的影响，如患病及死亡等。美国政府在2010年11月份的调查报告中指出有6,104只鸟类，609只海龟，100只海豚在内的哺乳动物死亡，这个数字可能包括了死于自然原因的动物，所有因深海漏油而死亡的数据断定尚待时日。2012年11月，英国石油公司与美国达成和解，接受12.56亿美元刑事罚款，另外提供23.94亿美元支付给野生动物基金会用于环境补救行动，3.5亿美元提供给美国国家科学院。此外在未来三年向美国证交会支付5.25亿美元。

死于塑料

撰文：安·金（Ann Chin）
翻译：周林文

INTRODUCTION

信天翁会把五颜六色的塑料误当做海洋生物给它们的幼鸟喂食，对幼鸟来说这可能是致命的。

全世界每年使用2.6亿吨塑料，其中大部分最后都汇入海洋，对海洋生物构成威胁。事实上，太平洋北部已经形成了一片漂浮垃圾，被称为大太平洋垃圾带（Great Pacific Garbage Patch）。在过去几年里，摄影师克里斯·乔丹（Chris Jordan）已经用影像记录下了这些塑料垃圾对夏威夷西北部中途岛环礁野生动物的影响。这块7.7平方千米的区域是世界上最大的飞行鸟类——信天翁的栖息地。信天翁经常把五颜六色的塑料误当做海洋生物喂给它们的幼鸟，这对幼鸟来说可能是致命的。乔丹说："走上几步，就可以发现不同腐烂程度的鸟类尸体。"他拍下了这些幼鸟的尸体，还有它们胃里的东西：瓶盖、打火机，还有杂七杂八的其他碎片。

日本地震后遗症

撰文：伊丽莎白·格罗斯曼（Elizabeth Grossman）
翻译：高瑞雪

INTRODUCTION

日本大地震的发生，产生了大量的海洋废弃物，科学家担心，这可能会对海洋生物造成严重危害，人们应该及早采取措施，正确处理这些废弃物可能带来的环境灾难。

2011年3月，袭击日本的地震海啸产生了大约2,500万吨的残骸瓦砾，大部分都被卷入大海。灾难发生后不久，卫星拍摄到大量废弃物：建筑物残块、船只以及家居用品，正在漂离日本海岸。根据尼古拉·马克西门科（Nikolai Maximenko）以及他在夏威夷大学和美国国家海洋与大气管理局（U.S. National Oceanic and Atmospheric Administration，即NOAA）的同事开发的计算机模型，这些废弃物可以到达西北夏威夷群岛（Northwestern Hawaiian Islands）。

考虑到漂浮废弃物的危害，科学家格外重视它们的潜在威胁。从集装箱到废弃渔具再到小塑料片，全球已

经有高达40％的洋面漂浮着废弃物。这些废弃物很可能会困住或毒害海洋哺乳动物。研究人员不仅想弄清楚，日本海啸废弃物是否会威胁到夏威夷群岛，而且希望查明这些废弃物在当前位置与周围环境的相互影响和作用。

由于海啸残骸被风和水流打散，NOAA的卫星已经无法再对其进行跟踪观察，因此该机构现在正致力于获取更高分辨率卫星的使用权限。5Gyres是一个跟踪和分析海洋废弃物的非营利组织。该组织的科学家计划进行一次横跨北太平洋的航行，调查日本海啸的灾后遗患。

有些科学家已经和这些海啸废弃物碰过面了。2011年9月，一艘俄罗斯船在中途岛以西发现了一艘日本渔船、一台电冰箱、一台

灾后场景：日本仙台，海啸吞没的房屋燃起了大火。

电视机以及其他家用电器在海水中漂荡起伏。12月，数艘大型日本渔船在美国华盛顿州的尼亚湾和加拿大不列颠哥伦比亚省温哥华附近被冲上岸。

如果这些废弃物与脆弱的珊瑚礁相撞，后果可能是灾难性的，所造成的损害不仅仅是对珊瑚礁的物理破坏，而且可能会污染海滩。夏威夷海滩是信天翁、夏威夷僧海豹、绿海龟以及其他濒危和特有物种的重要栖息地。有毒有害物质是另一个关注点，尽管最近的研究表明：受到辐射污染的废弃物的离岸影响微乎其微。

美国国家海洋与大气管理局海洋废弃物计划的负责人南希·华莱士（Nancy Wallace）说，NOAA正在为应对“可能出现的最好和最坏的情况”做准备。NOAA和其他相关组织已经制定了一些计划，用于处理这些废弃物以及可能被其污染的其他物体。然而，不论海啸残骸是否会大量到达陆地，它们都在海上漂荡，为海洋污染物这个日益严重的问题添砖加瓦。

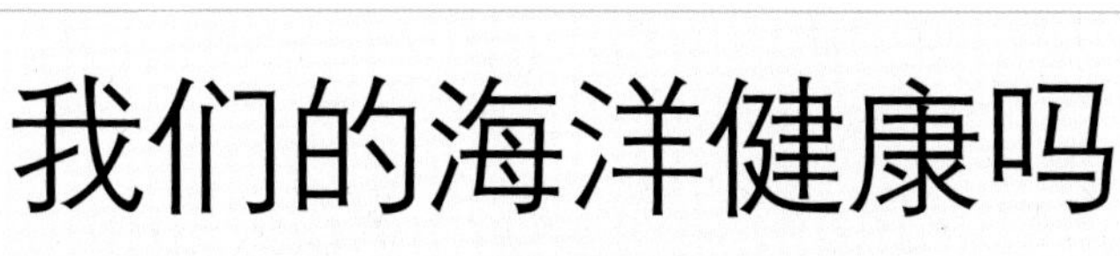

我们的海洋健康吗

撰文：本杰明·哈尔彭（Benjamin S. Halpern）
翻译：高瑞雪

INTRODUCTION

海洋健康指数，是科学家们为海洋环境状况的评估所提出来的一项标准。对世界海洋进行的第一次科学评估表明：海洋水质清洁，但管理不善。

我们经常听到促进“海洋健康”的呼吁。“健康”这个比喻恰当有力，但是科学家们却无法测量，因此也就无从评估世界海洋状态到底如何。为了解决这个问题，来自不同研究机构、不同学科的60多名研究人员提出了“海洋健康指数”（Ocean Health Index）这一概念。美国加州大学圣巴巴拉分校的国家生态学分析与综合研究中心（National Center for Ecological Analysis and Synthesis，NCEAS）也是参与者之一。该指数对171个国家和地区的沿岸海域进行了评估，选取了十项普遍认可的海洋健康指标，包括可持续的食物供应、娱乐休闲性、渔业捕捞机会和生物多样性，对其分别打分后取平均数，作为每个国家的综合得分。

海洋健康指数2012年8月份在《自然》杂志（《科学美国人》属于自然出版集团）上发表，这个指数衡量的并不是海洋的原生态性，而是海洋能够为人类提供所需产品的可持续性。十项指标是对海洋生态系统健康的整体评估，一个国家的海洋必须全部达标才能被认为是健康的。但是，对于不同地区，每个指标的相对重要性可能有所不同。

把人类的需求加入到海洋健康评估中，这从根本上就与传统保护方法相背离。然而，整个世界范围内的公共政策制定者和环境保护组织，正在迅速形成一致的观点：人类现在已经是地球上每一个生态系统的基本组成部分，任何有效的管理战略都必须接受这个现实。如果硬要把人类排除在自然之外，那么保护计划注定将失败。

该指数迈出了重要的第一步。国家需要先明确立场，才能在海洋健康问题上有所建树。从这个意义上来说，海洋健康指数是一个重要的参照。2012年晚些时候，NCEAS及其各界合作伙伴在美国、斐济和巴西对海洋健康指数进行应用测试。政策制定者和海洋管理者可以使用该指数来指导决策，比如，美国是否应该扩大海上风能的利用，陆上或海洋保护措施是否有利于斐济的珊瑚礁，以及巴西的海洋分区计划会对整个海洋的健康造成什么影响。

当然，不同的人或毗邻的国家可能会将海洋健康指数中的不同指标置于不同的优先级。但是，作为一种将各项指标尽数列出的工具，海洋健康指数明确了其中需权衡取舍或是会协同联动的因素，从而在任何磋商谈判中都有用武之地。

本文作者哈尔彭是美国加州大学圣巴巴拉分校海洋环境评估与规划中心（Center for Marine Assessment and Planning）主任。

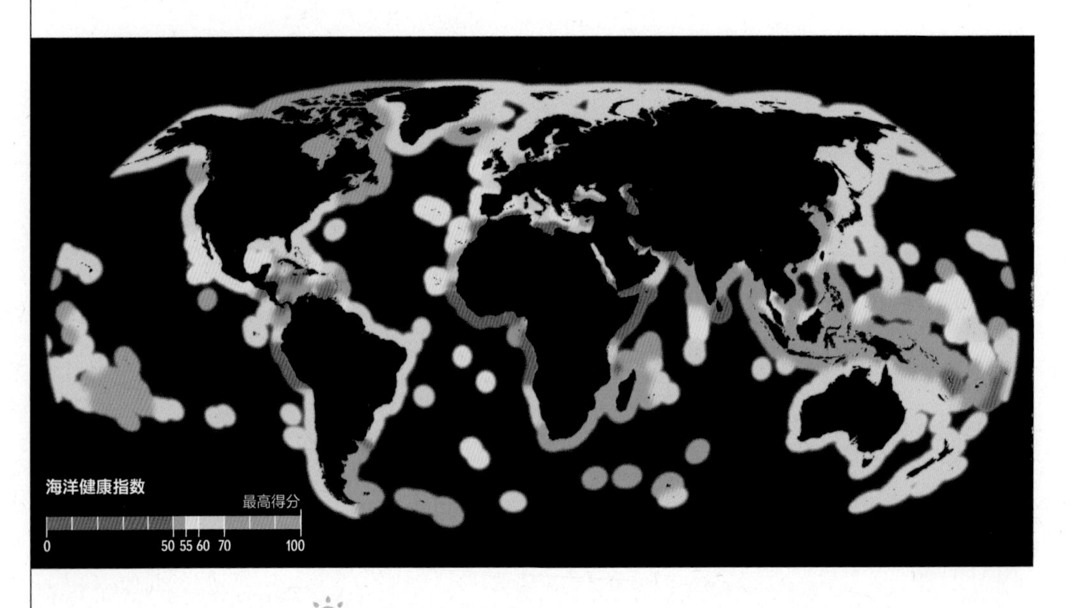

话题四

动物王国的告急

《创世记》中，上帝授意诺亚建造方舟，以从大洪水中拯救陆上苍生。我们面临的情况也许一点也不比故事中的大洪水时好：世界自然保护联盟（IUCN）发布的2012年濒危物种红色名录显示，在被评估的63,837个物种中，有19,817个物种受到威胁。当然，上帝的授意是不存在的，我们必须自己行动起来，建造“方舟”，来保护这些物种——也许，这同时也是在拯救我们自己。

秃鹫的新食谱

撰文：明克尔(JR. Minkel)
翻译：周俊

INTRODUCTION

挽救秃鹫，意味着要重新给这种岌岌可危的肉食动物引进水产食物。

长期以来，美国自然资源保护主义者用死产的小奶牛喂养秃鹫。不过，如果改用水产动物来喂养，就能帮助秃鹫离开人类的帮助独立生存。美国斯坦福大学的一组科学家，通过测量秃鹫羽毛和骨头遗体中碳和氮的同位素浓度，重新确定了现今和古老秃鹫的食物来源。他们总结说，在最近的冰川时代，秃鹫似乎就已把海洋哺乳动物纳入食谱。他们还发现了秃鹫第二次食物转变的迹象，即从海洋和草皮食物转为只吃陆地野兽——这跟人类捕杀海豹和鲸鱼的时间相符。在2005年11月15日的美国国家科学院的会议记录中，这些科学家建议，为秃鹫重新引入海洋食物，使它成为能自我存活的种群。

禁渔有理

撰文：明克尔(JR. Minkel)
翻译：波特

研究表明，禁渔区政策的益处是显而易见的。

面对由于污染、过度利用和气候变化导致的珊瑚礁减少，珊瑚礁管理者开始执行“海洋保护区”政策——即禁渔区政策。设置这种区域的环境效果如何，对这个问题的首次研究告诉了我们它的益处有多大。由英格兰埃克塞特大学(University of Exeter)的研究人员领导的小组研究了一个位于巴哈马群岛的海洋公园，那里从1986年至今一直没有捕鱼。有一个悬而未决的问题是，掠食性鲶科鱼的繁盛是否会消灭掉鹦嘴鱼，而后者通过吃掉海藻让珊瑚生长得更好。研究小组发现，鱼类对海藻的净进食量加倍了，而且，与允许捕鱼的非保护区相比，保护区里的海藻增殖下降了400%。究其原因：在捕鱼停止后，体形更大的鹦嘴鱼数量增加了，同小鱼相比，大鱼能吃掉更多的海藻。2006年1月6日的《科学》杂志上对此有更深入的报道。

鹦嘴鱼吃掉抑制珊瑚生长的海藻，促进了珊瑚的生长。

禁捕小鱼破坏生态

撰文：萨拉·辛普森(Sarah Simpson)
翻译：Joy

INTRODUCTION

适当地放过一些大鱼，或许是维持渔业健康发展更明智的选择。

商业性捕鱼者和周末垂钓者都知道，“要把小鱼丢回去”。这是为了给小鱼留下成长和繁衍的时间。但是，这种策略事实上可能正在伤害着鱼类种群。

美国纽约州立大学石溪分校（Stony Brook University）海洋科学研究中心主任戴维·康诺弗（David O. Conover）说，正在进行的捕鱼实验揭示，仅仅捕捞最大的个体，实际上会迫使一个种族进化出不良的特征，降低一个过度捕捞的鱼类种群恢复生机的能力。这些结果也许能够解释，为什么世界上许多最濒临枯竭的鱼类种群，没有照预期的一样迅速地恢复。

这种遗传效应出现在大西洋银汉鱼（Atlantic silversides）的身上。这是一种小型鱼类，通常成长得很快。1998年，康诺弗将一批野生银汉鱼带回他的实验室，他和他的学生们饲养了五代银汉鱼，每一次都从一群鱼中取走90%的大鱼，从另一群中取走90%的小鱼，从第三群中随机取走90%。

到了2002年，他们可以清楚地看到，对大鱼的捕杀产生了一个戏剧性的结果。与随机捕捞的对应鱼群相比，这个鱼群中的个体平均体重大约只有前者的70%；与保留最大个体的鱼群相比，它们的体重只有那些幸存者的55%。由于进行对比的鱼都拥有同样的年龄，科学家可以将鱼类体型的缩小归因于更为缓慢的成长，这是基因选择的结果。

令人担忧的是，这种更为缓慢的成长还伴随着一整套的缺陷。现为美国加利福尼亚大学河滨分校（University of California, Riverside）博士研究生的马修·沃尔什（Matthew R. Walsh）领导了对第五代和第六代银汉鱼的详细检查。这些检查揭示，捕捞大鱼的鱼群中，鱼儿更加不愿意搜寻食物或与掠食者周旋。它们还会产下更小、更少的鱼卵，这些

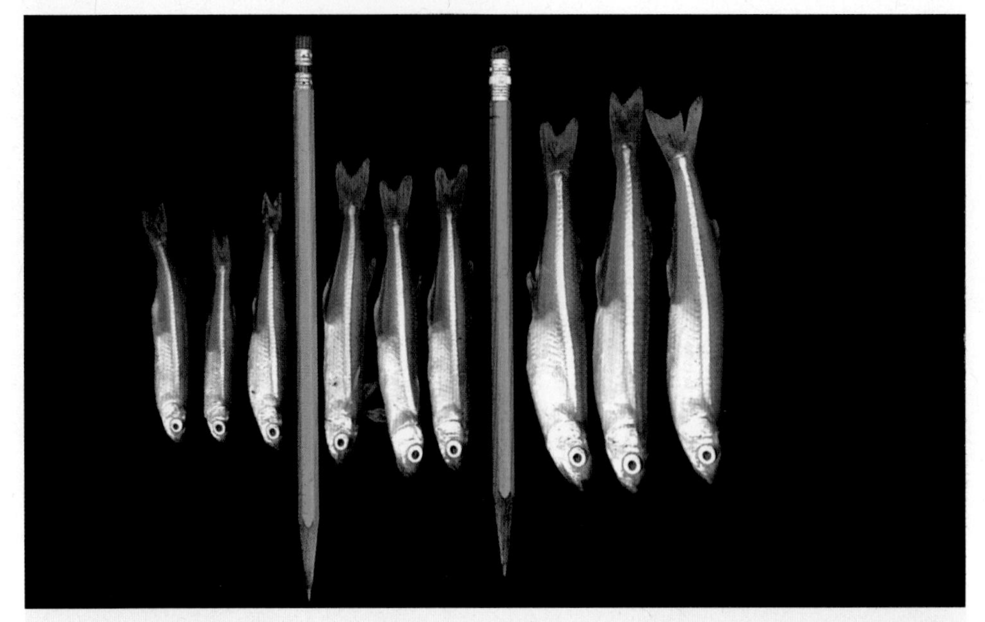

缩水的体型：这些全都是第五代大西洋银汉鱼，左侧的三条来自于只捕捞大鱼的鱼群，中间的三条来自于随机捕捞的鱼群，而右侧的三条来自于只捕捞小鱼的鱼群。对大鱼的捕捞使得左侧的一组变得比另外两组更小。

鱼卵成长为健康后代的比例也更低。

沃尔什指出，这些结果并非完全出乎意料。历史记录证实，鳕鱼和其他一些受欢迎的食用鱼类在过去更大一些，而且他说："许多鱼类的生育能力随着体型而增加，这也是众所周知的。"但是现在，对于生物学家和渔业管理者来说，由人类引起的进化将变得越来越难以忽视。加利福尼亚大学河滨分校的鱼类生物学家戴维·雷茨尼克（David N. Reznick）说："这项研究是一个很好的例子，表现了进化过程是如何对这个种群的长期健康产生不利影响，并且与我们的利益产生冲突的。"

康诺弗承认，是不是该把更弱小的鱼做成盘中之餐，现在还完全不清楚。但是，将部分大鱼跟小鱼一起放走，这大概是一个明智的策略。与此同时，康诺弗的研究小组已经中止了一切与体型筛选有关的捕捞，他们现在正在等待，看看鱼群的后代能否恢复原状——恢复原状需要多长时间。

让鱼类安全通过水电站

撰文：马德琳·博丁（Madeline Bodin）
翻译：耿小兵

INTRODUCTION

常规的扇形涡轮对穿过涡轮的鱼类致死率高达40%，如何让鱼类安全通过水电站成为一个值得研究的课题。如今，好消息来了，一种不会伤害鱼类的水电涡轮即将进入商业应用。

位于美国马萨诸塞州霍尔顿市的奥尔登研究实验室（Alden Research Laboratory），曾经设计出一种前景被看好的水电涡轮。但遗憾的是，美国联邦政府停止了对这种涡轮的资金支持，研究被迫中止。已经造好的涡轮比例模型也被拖出大型测试水槽，闲置在该公司水力学实验大楼的一个昏暗角落里。

作为20世纪90年代的一项革新，这种新型涡轮有望弥补传统水力发电的一个缺陷，即用于发电的涡轮会杀死穿过其间的生物。新型的涡轮设计能使至少98%的鱼儿得以幸存。不过，因为联邦预算削减而失去经费支持，这项发明只好灰头土脸地躺在角落里面。现在，一项新的计划有望让它重见天日，发挥它的潜在商业用途。

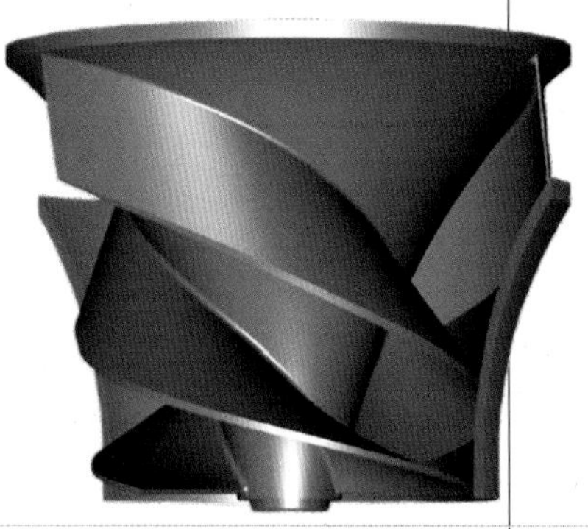

常规的扇形涡轮对穿过涡轮的鱼类致死率高达40%。1994年，在美国能源部的首批资金支持下，奥尔登实验室与位于美国佛蒙特州怀特河汇（White River Junction，美国的一座小镇）的Concepts NREC公司合作，设计了一种对鱼类无害的

所谓“亲鱼”涡轮。新型设计主要由三片转叶组成，它们绕在一根圆锥状转轴上，形成了螺旋形状。转叶被一个旋转的容器包裹，只有一部分边缘露在外面。这种涡轮的转叶之间没有空隙，叶数较少且转速较低。所有这些特征，都降低了鱼被涡轮转动部分绞伤的可能性。此外，穿过涡轮的水流平稳，几乎不产生具有潜在危害性的剪切力。

这种设计尤其保护了鳗鱼（eel）和鲟鱼（sturgeon），这些体型瘦长的鱼类数量正在减少。对它们而言，传统的水电涡轮绝对是致命的。根据初步测试，所有穿过新型涡轮的鳗鱼和鲟鱼都有望幸存。不过几年前研究的被迫中止，让这种新型涡轮的前景变得黯淡起来。

随后，总部位于美国加利福尼亚州帕洛阿尔托市的电力科学研究院（Electric Power Research Institute，EPRI）接手了“亲鱼”涡轮的事业。要将这项设计应用于市场，并在水电厂改造时代替常规涡轮，至少需要50万美元的资金，EPRI现已筹集了大约30万美元。EPRI的高级项目主管道格·狄克逊（Doug Dixon）指出，第一步是要提高新型涡轮的功率输出，使它能与现有的涡轮相抗衡。按照原始的设计方案，新型涡轮所产生的输出功率，仅相当于同样大小商用涡轮功率的一半。狄克逊说：“涡轮的发电效率越高，它对工业界的吸引力就越大。”

然而，提高输出功率并非易事。奥尔登实验室主任内德·塔夫脱（Ned Taft）说：“对工程有益就对鱼类无益，这是一条规则，反之亦然。”奥尔登实验室的工程师相信，解决的办法是加大流过涡轮的水量。他们最近想出了一种办法，在涡轮的直径仅增加2%的情况下，令螺旋形水管的容量加倍，这样可使更多的水注入叶片。除了改变叶片的形状和角度以外，Concepts NREC公司还计划增加叶片前沿的间隔宽度，使它与游过涡轮的常见鱼类的长度相当，从而提高鱼儿的生存率。

狄克逊相信，这种设计即将开始商业化应用。支持者表示，问题的关键已经不再是涡轮设计成功与否了。正如狄克逊所说：“我们正千方百计筹集资金，以促成它向商业化转变。”塔夫脱称：“许多人并不把水电当成绿色能源。这种涡轮会改变他们的看法。”

两栖动物方舟

撰文：蔡宙（Charles Q. Choi）
翻译：张连营

INTRODUCTION

两栖动物是最原始的陆生脊椎动物，近年来其灭绝的速度十分之快。人们正在制定一个"两栖动物方舟"计划，对濒临灭绝的两栖动物实施拯救，以便它们能够渡过难关，避免走向灭绝的境地。

两栖类动物濒临灭绝的速度比任何其他生物群体都要快。自1980年以来，全球共有122个两栖类物种彻底消失。在大约6,000种幸存的两栖类物种里，有一半以上正面临灭种的威胁。如果不进行圈养的话，约有500个物种将在未来50年里灭绝。如今，世界各地的动物园与其他机构正联手制定一个"两栖动物方舟"计划，在两栖类动物逐渐从野外失去踪迹的关头，对它们施行拯救，以期有朝一日让它们重返家园。

两栖类动物因为同时依赖于陆地和水域两种生存环境，更容易受到灭种的威胁——任何一种栖息地受到破坏，它们都将深受其害。此外，虽然它们皮肤较薄，让它们可以吸入空气和水分，但遗憾的是，薄嫩的皮肤也让污染物质畅通无阻。

对两栖类动物最直接的威胁，来自一种被称为"两栖动物壶菌"（amphibian chytrid）的寄生真菌。这种寄生菌

一个也不能少：两栖动物方舟计划或许可以拯救的的喀喀湖巨蛙（Giant Lake Titicaca frog）和其他濒临灭绝的两栖动物。

是在20世纪50年代以前，由于实验室研究和受孕测试（将孕妇的尿液注入雌性蛙类体内诱使它产卵）的原因，意外地由非洲的爪蛙传播到世界各地的。这种两栖动物壶菌一旦找到适合它们生存的环境，就能在短短3个月内使这一区域内半数以上的两栖类动物死亡。而眼下，科学家尚未找到任何阻止或根除这种寄生菌在野生环境肆虐繁衍的良策。

不过对所有两栖类动物而言，最大的威胁仍然是栖息地的破坏与消失。美国纽约市布朗克斯动物园爬虫馆（包括两栖动物与爬行动物）馆长珍妮弗·普拉默克（Jennifer B. Pramuk）举了个例子：对波多黎各巨冠蟾蜍（Puerto Rican crested toad）至关重要的一处繁殖池塘，“如今已经变成了一个海滨停车场”。

“两栖动物方舟”始创于2006年，当时正是大量两栖类动物急剧死亡事件被揭露后不久。尽管以前有过成功圈养生物物种，并将它们重新放归大自然的多起案例，但以整个动物群落为目标的全方位拯救计划，在普拉默克看来，规模“可谓空前”。

目前，全世界动物园里装备的设施最多仅够维持长期圈养50个生物物种。“两栖动物方舟”希望招募500家动物园、水族馆、植物园、大学及其他机构参与到这个计划当中，每个机构负责保护一个物种。布朗克斯动物园和俄亥俄州的托莱多动物园现在正在帮忙拯救“基汉希喷雾蟾蜍”（Kihansi spray toad），这种蟾蜍体型只有一美分硬币大小，全身呈亮黄色，通常依赖于坦桑尼亚基汉希峡谷上飞落而下的瀑流形成的薄雾环境而生存。2000年，基汉希河上筑起水坝后，它们的栖息地开始缩小，接着又受到了两栖动物壶菌的袭击；这种蟾蜍自2003年起就从野外失去了踪影。

“两栖动物方舟”计划主管凯文·齐佩尔（Kevin Zippel）估计，要通过圈养的方式来保存一种两栖类动物，至少需要存活大约50个野生动物个体，以满足遗传基因多样性的要求。“一间小小的屋子就足够圈养它们了，”他补充说，“圈养一头大象一年大约要花费10万美元，足够支付拯救一个两栖类物种所需的所有专业技术与设施费用了。”

不过，即使某一种两栖动物被这个计划所拯救，它们也未必能够平安地重返家园。因为它们原先的栖息地也许已消失，或者已被两栖动物壶菌污染。就算受到这种壶菌感染的两栖类动物已经完全消失，它们对环境的污染还将持续一段时间。这段时间有多长，目前还没有人知道。把一个物种重新放养到野生环境，比较有把握的一种方法是，小心谨慎地将少量个体放回到受保护的土地上，并对它们进行长期监测。保护两栖类动物不受两栖动物壶菌感染，就算不是毫无办法，也必然是异常困难的。对动物个体进行免疫的尝试也仅能维持一代，而杀真菌剂则有可能杀死有益真菌，从而导致其他无法预料的结果。普拉默克说："实施重返计划之前，会有大量的研究与开发工作要做。"

在宣布"两栖动物方舟"计划全面启动前，科学家还有许多障碍需要扫除，资金问题就是其中之一。齐佩尔说："对于大多数人而言，两栖类动物也许并不如哺乳动物那样具有天生的超凡魅力，但是它们对于生态环境来说绝对是至关重要的。"他补充说，由于两栖类动物对周围环境十分敏感，"通过观察发生在它们身上的状况，我们有可能预见即将发生在我们身上的某些灾难"。

两栖动物

两栖动物是最原始的陆生脊椎动物，既有适应陆地生活的新的性状，又有从鱼类祖先继承下来的适应水生生活的性状。多数两栖动物需要在水中产卵，发育过程中有变态，幼体（蝌蚪）接近于鱼类，而成体可以在陆地生活，但是有些两栖动物进行胎生或卵胎生，不需要产卵，有些从卵中孵化出来几乎就已经完成了变态，还有些终生保持幼体的形态。

两栖动物是最早长出肺的生物。从3.5亿年前的泥盆纪开始，某些具有肺样结构的古总鳍鱼曾尝试登陆。到了石炭纪它们爬上陆地。从此它们成为以后很长一段时期内陆地上最繁荣的脊椎动物。最早发现的两栖类化石是鱼石螈（*Ichthyostega*），它所代表的古两栖动物与古总鳍鱼的头骨结构、肢骨方面有惊人的类似，但其已具备了与头骨失去联系的肩带、五趾型的四肢等两栖类特征，但这些古两栖类动物大约于1.5亿年前灭绝。现存的两栖类动物都是侏罗纪以后才出现的。现在的两栖动物大到一米半左右，也有小到一厘米以下的。它们大多生活在热带、亚热带和温带地区，寒带和海岛上的种类稀少，北极圈内亦有被发现的种，但迄今为止，南极尚未发现有两栖动物的踪迹。

寻找鳄鱼杀手

撰文：内奥米·卢比克（Naomi Lubick）
翻译：冯志华

INTRODUCTION

南非，尼罗河鳄鱼的大批死亡让生物学家百思不得其解。有专家提出，罪魁祸首可能与生存在象河流域上游的腰鞭毛虫（*dinoflagellate*）和蓝细菌（*cyanobacteria*）有关；这两种生物会释放出一些毒素，与海洋环境中的红潮（red tide）非常类似。

在南非，河上浮起成年鳄鱼的尸体成了寒冬来临的信号——这种现象在过去根本不存在。南非克鲁格国家公园的护卫员发现，尼罗河鳄鱼（Nile crocodile）时常浮尸于象河（Olifants River）中，或者在河岸边奄奄一息，甚至肿胀死亡。研究人员迅即开始调查原因，他们担心鳄鱼的死亡可能昭示着有毒物质或病原体的存在。这不但威胁到鳄鱼种群，还会危及象河沿岸的居民。

致命的河水：南非象河中的尼罗河鳄鱼正在神秘地大批死亡。

象河蜿蜒数百千米，流经南非的三个省，最终

尼罗鳄

尼罗鳄（*Crocodylus niloticus*）是一种大型鳄鱼，为全数23种鳄鱼当中被人类研究最多的一种。尼罗鳄长4~5米，大鳄可达8米；吻阔略呈长三角形，上颌每侧有牙齿16~19枚，下颌每侧14~15枚；躯干背面有坚固的厚鳞甲6~8纵列；四肢的外侧有锯齿缘，趾间有蹼。体色背面为暗橄榄褐色，腹面淡黄色，幼体颜色较淡，有黑色的斑点及网状花纹。其下颚第四齿由上颚的V字形凹陷中向外面突出。尼罗鳄非常强壮，尾巴强而有力，有助于游泳。成年尼罗鳄的体重可以重达一吨。

尼罗鳄夜间会在水中，日出时则会上岸享受日光浴。它们会捕食羚羊、斑马、水牛等，甚至可以猎杀河马、狮子以及人类。成年尼罗鳄会吞下石块以作压舱物之用，有助于在水底保持平衡。在毛里塔尼亚旱季期间，尼罗鳄会躲藏于地底之下，直到下一个雨季来临为止。繁殖方面，雌性尼罗鳄会在沙质的河岸挖洞造巢，每次可生25至100只蛋。对于这种鳄鱼的蛋来说，水灾以及尼罗河巨蜥是最大的威胁。

流入莫桑比克。这条河为产业化农业经营提供了水，生产的粮食不仅供应给当地农村，还出口到欧洲。当地居民还依赖这条河进行渔业养殖和农业灌溉。

鳄鱼危机的第一个信号出现在2008年冬天。当时护卫员收集到了170具鳄鱼尸体，有时每周就能找到20具。2009年5月底进行的一项调查发现，在克鲁格公园的河谷处大约生活着400条鳄鱼，与2008年的至少1,000条相比已大幅下降。截止到2009年8月7日，护卫员与科学家已经发现了23具鳄鱼尸体。

2008年，研究人员对一些鳄鱼尸体进行解剖后发现，死因可能是全脂肪组织炎（pansteatitis）——一种脂肪组织的炎症。这种疾病会导致脂肪沉积（fat deposits），使鳄鱼的尾巴肿胀变硬，导致它们动作僵硬，无法捕猎。解剖得到的脂肪样品显示，脂肪沉积已被氧化为明黄色。

这种疾病并不仅限于鳄鱼。科学家发现，生活在象河中的一种鱼也患上了同样的脂肪沉积症。在莫桑比克马辛加大坝上游的象河河谷，鳄鱼的数量正在减少，鸟类也在消失。这些现象很可能都是全

脂肪织炎导致的。

然而，到底是什么诱发了这种奇怪的脂肪组织疾病，至今仍然是一个谜。2009年6月，南非西北大学波切夫斯特鲁姆校区的亨克·鲍曼（Henk Bouwman）领导的一个研究小组，在两个欧洲化学会议上报告了他们对鳄鱼组织样本的检测结果。鲍曼表示，他们对包括DDT、PCB（多氯联苯）、二恶英类物质及含溴阻燃剂等在内的几乎所有可疑物质进行了检测，结果却没有发现任何蹊跷之处。

南非科学及工业研究联合会（Council for Scientific and Industrial Research in South Africa）和南非比勒陀利亚大学的水资源专家彼得·阿什顿（Peter Ashton）认为，罪魁祸首可能与生存在象河流域上游的腰鞭毛虫（*dinoflagellate*）和蓝细菌（*cyanobacteria*）有关；这两种生物会释放出一些毒素，与海洋环境中的红潮（red tide）非常类似。

想仅凭一项检测就发现元凶，“恐怕不可能如此简单迅速，”南非国家公园的疾病生态学家丹妮·戈文德（Danny Govender）解释说，2007年从活鳄鱼体内提取的标本就表明，一些鳄鱼的脂肪组织正在开始变硬。

她和鲍曼合作提出了一个假说：尽管所有毒素在单独衡量时都处于有害水平之下，但它们的联合作用就足以致命。

戈文德引用了一些例子来说明，象河生态系统的改变源自于公园外的一些基础设施，包括象河上游的数百座煤矿（那里的鳄鱼几乎已经消失殆尽）和下游河谷处的一座大坝。就在2008年，这座大坝的水库20年来首次蓄满，使象河水流通过鳄鱼河谷时速度减缓。戈文德怀疑，缓慢的水流会使毒素在鳄鱼的栖息水域中积累起来。事实上，科学家已经得出结论：河流泥沙中的硫化氢、氨以及其他物质，很有可能就是导致同年7月鱼类大批死亡的罪魁祸首，鳄鱼则是吃了这些被污染的鱼后才受到波及的。

即便研究人员找到了导致鳄鱼死亡的最终原因，这一事件造成的影响也可能会远远超过预计。“我们在2008年的统计中确实低估了鳄鱼死亡的数量，”戈文德解释说，鳄鱼的尸体有可能被同类吃掉或沉入河底。“我怀疑处于生育期的雌鳄鱼也在大量死亡”，因为它们的尸体个头较小，更容易被调查者漏掉。如果真是这样的话，她表示，即便科学家找到了死亡原因，河谷里的鳄鱼种群恐怕也恢复不到原有规模了。

至于以象河为生的人们，鲍曼表示：“我不知道应该对他们说些什么。”他的同事——瑞典乌普萨拉农业大学的亨里克·许林（Henrik Kylin）希望能深入莫桑比克去检测那里的鱼类，如果可能的话，还想将当地居民纳入到检测范围。他想知道，鳄鱼杀手的屠杀对象是否不仅限于鳄鱼。

禁售蓝鳍金枪鱼

撰文：迈克尔·莫耶（Michael Moyer）
翻译：蒋青

INTRODUCTION

蓝鳍金枪鱼的经济价值在金枪鱼甚至全鱼类中首屈一指，是最受欢迎的食用鱼之一。由于生长缓慢和过度捕捞，如今全球蓝鳍金枪鱼的数量已经大大减少。欧盟渔业专家警告说，如果不限制捕捞，蓝鳍金枪鱼可能会灭绝。一项拟议中的贸易禁令或许可以让蓝鳍金枪鱼“走出”我们的菜单。

2010年1月，日本东京筑地鱼市一条重321.8千克的巨大蓝鳍金枪鱼卖出了17.5万美元的高价。售出当天下午，鱼市不远处一家名为“久兵卫”的米其林星级餐厅里，食客们济济一堂，大快朵颐，享用着从全世界最昂贵的鱼身上切下的最肥美的鱼腩——“吞乐”（toro，日文中指蓝鳍金枪鱼的肚皮肉，此处为音译）。

渔业链的最后一环：在日本东京的筑地鱼市，每天有大约1,000条金枪鱼被叫卖。

过不了多久，日本的食客们就要为金枪鱼支付更昂贵的账单了。2010年3月，在卡塔尔多哈举办的一次濒危物种国际贸易公约（Convention on International Trade of Endangered Species，CITES）会议上，人们计划推出一项提案，要求禁止所有针对北方蓝鳍金枪鱼（Thunnus thynnus）的贸易行为，将这种鱼与白犀牛、亚洲象之类的大型动物明星同等对待。日本进口的蓝鳍金枪鱼数量占到大西洋和地中海蓝鳍金枪鱼渔获总量的大约80%，与此同时，这种鱼的种群数量已经大幅下降到了一个极低的水平，以至于许多科学家推测它们正走向灭绝（参见《环球科学》2008年第4期《拯救蓝鳍金枪鱼》一文）。

对这样一种具有重要商业价值的动物施行国际贸易禁令是一项前所未有的举措，提案方已经做好了迎接强烈反对声浪的准备。按照CITES的要求，一个物种的数量要降至不足历史水平的20%，或者短期内数量下降率高得异常，才能对其实行全面贸易禁令。在蓝鳍金枪鱼长达数十年的一生当中，它们会从地中海巡游到墨西哥湾，要想统计它们的总数绝非易事，但最近由联合国粮食及农业组织（United Nations Food and Agriculture Organization）和国际大西洋金枪鱼保护委员会（International Commission for the Conservation of Atlantic Tunas，ICCAT）组织的多个科学委员会都一致认为，北方蓝鳍金枪鱼符合这一标准。

CITES列出的另一个条件是：执法人员必须能够识别出不同种类的金枪鱼。这项任务几乎与查核种群数量一样困难。蓝鳍金枪鱼有三种，分别是北方蓝鳍金枪鱼、太平洋蓝鳍金枪鱼和南方蓝鳍金枪鱼。

然而，就连训练有素的分类学家都很难将北方蓝鳍金枪鱼和太平洋蓝鳍金枪鱼区分开。

这个问题一直延伸到人们的餐桌上。2009年末，美国哥伦比亚大学和美国自然历史博物馆的一个研究团队检查了从纽约和丹佛两个城市的寿司餐馆里偷偷带出来的68份金枪鱼样品。他们发现，31家餐馆中有19家都认不出或认错了他们所提供的金枪鱼种类——比如把大眼金枪鱼（bigeye）当成蓝鳍金枪鱼（或把蓝鳍金枪鱼当成大眼金枪鱼）。他们还发现，在9份被宣传为“长鳍金枪鱼”（white tuna）的样品中，有5份根本不是金枪鱼，而是玉梭鱼（escolar，也叫蛇鲭）。这种鱼含有一种不可食用的蜡脂（wax ester），能够引发腹泻，在意大利和日本已被禁售。

传统的DNA分析手段无法识别不同种类的金枪鱼，因为它们的基因实在太相似了。因此，研究人员引进了一种新方法。传统的DNA条形码（DNA barcoding）技术将DNA序列打碎成由碱基对组成的杂乱的包，然后比较这个包与对照包的相似度。新方法则着眼于全基因组中一个特殊位置处DNA序列的核苷酸顺序。这种方法能够明确无误地鉴别任何金枪鱼样品——哪怕它们被摆在寿司饭团上面。

“某些基于DNA的识别方法将成为确保CITES禁令得到有效执行的重要组成部分，”这项研究的合作者之一雅各布·洛温斯坦（Jacob Lowenstein）说，“它有可能在不久的将来成为监管机构的标准

方法。”即使CITES的提案失败了，仍有大量监管工作要做。ICCAT负责设定大西洋和地中海海域蓝鳍金枪鱼的捕捞配额，可以说，他们的工作做得相当糟糕。“金枪鱼捕捞者因为普遍担心蓝鳍金枪鱼减产，所以在20世纪60年代组建了ICCAT，并定期召开会议，”美国蓝色海洋研究所（Blue Ocean Institute）所长卡尔·萨菲纳（Carl Safina）说，“从它成立之日起，金枪鱼的数量除了下滑外，还是下滑。”

尽管ICCAT设定的捕捞配额已经远远高于其科学顾问团建议的数值，偷捕和走私的行为却依然猖獗。以2007年为例，尽管科学家建议ICCAT在金枪鱼产卵期内应暂停地中海的渔业活动，并将渔获量控制在1.5万吨以下，ICCAT还是规定“东大西洋、地中海海域渔获上限为2.95万吨”。结果，渔民当年的捕获量约达6.1万吨，而且大多数都捕自地中海的产卵区。用萨菲纳的话来说，“这根本是在对蓝鳍金枪鱼发动全面战争。”

蓝鳍金枪鱼

蓝鳍金枪鱼是金枪鱼类中最大型的鱼种。身体短而结实、锥状细长的身躯，尾鳍成交叉状；身躯底部至侧边的色彩明亮，上身躯则是深蓝色，鳍是深暗色，小鳍则是呈现微黄色，尾柄隆起嵴呈黑色。全身披鳞，口相当大，眼不大，胸鳍短，末端不到第一背鳍的中央，这是本种的最大特点。体长一般1~3米，大者长达3米多，体重700多公斤。

蓝鳍金枪鱼是生长速度最慢的金枪鱼种类，寿命长达20年或以上。高脂肪期的蓝鳍金枪鱼味道最好，价格最高。该品种捕捞量不到全球金枪鱼总捕捞量的1%，也称真金枪鱼。主要适用于做高档生鱼片，其市场全部在日本。蓝鳍金枪鱼被称作鱼类中的金砖。2013年1月5号，一条重222千克的青森县大间产蓝鳍金枪鱼以15,540万日元（约合人民币1,100万元）的天价成交。这是1999年以来的最高价。

除草剂导致动物变性

撰文：戴维·别洛（David Biello）
翻译：朱机

INTRODUCTION

最近的研究表明，常用除草剂莠去津会破坏蛙的性发育。欧盟已经因莠去津的水污染能力而禁用了这种除草剂，而美国环境保护署宣布，考虑到人类健康问题，要对除草剂展开新一轮评估。人类或许应该对除草剂的使用更加慎重。

美国广袤的农田都浸没在农药莠去津（Atrazine）当中。这种白色无味的粉末状除草剂,每年约有3.6万吨被施用到美国农田，其中约225吨会在空气中飘荡，最远可以飘到1,000千米之外，再随着降雨落回地面。所有这些莠去津都有可能对动物的性别造成影响：将雄蛙变成雌蛙。

在2010年3月1日的《美国科学院院刊》在线版上，美国加利福尼亚大学伯克利分校的生物学家蒂龙·海耶斯（Tyrone Hayes）及其同事公布了自己的研究结果。他们把40只非洲爪蟾（Xenopus laevis）放在含有2.5 ppb（1 ppb为十亿分之一）莠去津的环境中饲养了3年，这一含量完全符合美国环境保护局（EPA）的规定——饮用水中所含莠去津不得超过3 ppb。结果，其中30只被“化学阉割”，造成无法生殖等一系列结果。有4只尽管基因型仍然是雄

性别失调：非洲爪蟾接触除草剂后有可能会改变性别。

性，但完全变为了雌性，甚至能跟其他雄蛙交配，产下可以孵化的蛙卵。仅有6只爪蟾能够抵抗该药作用，或者说至少还能表现出正常雄性行为。

为了确保研究结果的准确，这些研究人员选用的都是携带ZZ性染色体的雄蛙。在以前的研究中，“如果最后得到了两性同体的蛙，我们没办法通过试验分清它们是长了卵巢的雄蛙，还是长了睾丸的雌蛙，”海耶斯说，“全部都用ZZ雄蛙，我们就能肯定，任何两性蛙或雌蛙都确实是转换了性别的雄蛙。”蛙的性别由性染色体ZZ（雄）和ZW（雌）决定，不像我们熟悉的人类，是由XX（女）和XY（男）决定的。

导致性别改变的罪魁祸首可能是芳香酶（aromatase），

这种蛋白会刺激雌激素的产生，使原本的雄性生殖腺变成卵巢。莠去津可能会促进芳香酶的生成。

自上世纪90年代起，海耶斯就在莠去津生产商先正达公司（Syngenta）的资助下开始研究莠去津。正是那一次研究率先提出了这样一个观点：除草剂可能会干扰动物（包括人类在内）的天然激素。大量针对这种内分泌失调（endocrine disruption）的研究随即展开——有些研究确认，蛙之类的两栖动物正在遭受莠去津的不良影响；另一些研究则发现没有影响；还有一些研究甚至找到了证据，证明农业区男性精子数量减少。根据美国地质勘探局（U.S. Geological Survey，USGS）的报告，57%的美国水系中存在莠去津和其他除草剂。

但海耶斯的性别改变实验也不是没有非议。德国柏林洪堡大学的生物学家沃纳·克洛亚斯（Werner Kloas）认为，样品有可能被内分泌干扰物污染，比如塑料容器分解释放或筛选过程中带入的双酚A（bisphenol A，BPA）。他还对单一接触浓度提出了质疑，并指出实验缺少对被试爪蟾雌激素水平的检测。克洛亚斯本人也给先正达公司做过莠去津影响的复核检验，发现在类似于海耶斯研究所采用的浓度环境下，非洲爪蟾并没有受到影响。

在非洲爪蟾的原栖息地，它们似乎并不怕这种除草剂。“莠去津在南非的使用非常普遍，而我们的研究显示，爪蟾在农业区和非农业区生活得同样良好，”南非西北大学的动物学家路易斯·杜普里兹（Louis du Preez）说，“假如莠去津对野生爪蟾有这么严重的影响，我们肯定不可能到现在还没发现。”

不管怎样，欧盟已经由于莠去津的水污染能力而禁用

莠去津

英文通用名：atrazine；化学名称：2-氯-4-二乙胺基-6-异丙胺基-1,3,5-三嗪；其他名称：阿特拉津、Aatrex、Primatola、克esaprim，克-30027。理化性质：外观为白色粉末，熔点为173~175℃,20℃时的蒸气压为40μPa，在水中的溶解度为33mg/L，易溶于有机溶剂，在微酸或微碱性介质中较稳定，但在较高温度下，碱或无机酸可使其水解。

莠去津的除草性质是1957年由瑞士的H.盖辛和E.克努斯利发现的，1958年由瑞士的嘉基公司开发生产，后来发展成世界产量最大的除草剂。中国在70年代开始生产。

了这种除草剂。克洛亚斯说："我们欧洲习惯根据宁可信其有的原则对待环境化学品，逐步停止使用能在环境中长期存在的化合物——对于这一点，我个人是赞成的。"

继2006年对化学品处理安全问题表态之后，美国环境保护局又在2009年10月宣布，考虑到人类健康问题，要对除草剂展开新一轮评估。毕竟，这种化学制品会影响许多物种。海耶斯指出："在斑马鱼、金鱼、凯门鳄、短吻鳄、龟、鹌鹑和大鼠等动物身上，莠去津都会增加芳香酶及雌激素的产量。所以说，事情不仅仅与蛙有关。"

乌龟拯救小岛生态

撰文：戴维·别洛（David Biello）
翻译：蒋青

INTRODUCTION

让岛屿甚至整块大陆回归原生态，有望成为逆转生态败局的有力手段。在爱格雷特岛上，科学家引进了一些巨型陆龟，如今那里的原生态似乎已经开始恢复。在当前地球历史上第六次物种大灭绝的大背景下，也更显得可贵。

欧洲人曾差点吃垮毛里求斯的生态系统。其中最有名的案例，要数17世纪末期渡渡鸟（dodo bird）的灭绝。然而，他们在毛里求斯爱格雷特岛（Ile aux Aigrettes）的所作所为，就鲜为人知了：大滑蜥（giant skink）和巨型陆龟惨遭毒手，本地的乌木（ebony tree）也被伐倒作烧火之用。

1965年，爱格雷特岛那25公顷已变得光秃秃的土地被划为自然保护区。但即使砍伐行为已经停止，生长缓慢的乌木森林也难以重现当年的繁茂，因为那些食用它们果实、帮忙播撒种子的动物已经一去不复返了。2000年，科学家从附近的塞舌尔亚达伯拉环礁（Aldabra atoll）重新引进了4只巨型陆龟。到2009年，岛上一共迁来了19位这样的“外来户”。它们漫步于岛上，把乌木的大型果实吞入腹

第六次物种大灭绝

在地质史上，由于地质变化和大灾变，生物经历过五次自然大灭绝。现在，由于人类活动造成的影响，物种灭绝速度比自然灭绝速度大大加快，地球进入第六次大灭绝时期。这是现代人类真正经历的第一次物种大灭绝。第六次物种大灭绝由人类活动引发，具体表现为：植物生存环境被破坏、气候变化、外来物种入侵、自然资源过度使用和污染等因素，造成许多物种灭绝或濒临灭绝。到21世纪末，预计全球变暖会导致二分之一的植物面临生存威胁，超过三分之二的维管植物可能完全消失。在世界自然保护联盟(IUCN)2004年物种红色名录中包括15,589个物种受到灭绝威胁，这其中包括12%的鸟类、23%的兽类、32%的两栖类、25%的裸子植物、52%的苏铁类和42%的龟鳖类。专家警示，人类应尽快认识到这一现状，采取保护措施保护物种多样性，减少有害物质的排放，避免人类受到自然灾害的侵扰。为了提高公众对生物多样性的重要性以及生物多样性丧失后果的认识，联合国将2010年确定为国际生物多样性年。

中，未被消化，直接排泄出的种子，长成了500多丛郁郁葱葱的树苗。2011年4月，当初为爱格雷特岛引进巨型陆龟的科学家在《当代生物学》（*Current Biology*）上报告了研究结果。

至少在这个小小的岛上，原生态似乎已经开始恢复。这给其他生态恢复项目带来了希望，在当前地球历史上第六次集群绝灭事件的大背景下，也更显得可贵。欧洲的环保主义者获得了310万欧元的资金，开始从西班牙西部、喀尔巴阡山（Carpathian Mountains）等地方着手，将野牛、牛和马放归弃耕的农田。生态学家已经提议，把一些大象迁至美国的部分地区生活，填补乳齿象灭绝后空下的生态位。荷兰人也在东瓦德斯普拉森（Oostvaardersplassen）修建了一座更新世公园，让柯尼克马（Konik horses）和海克牛（Heck cattles）顶替已灭绝的野马和野牛。

当然，人类出面干预自然生态系统的行为也不一定有好结果。旨在对付其他害虫而将海蟾蜍（cane toad）引入澳大利亚的举动，就对整块大陆上的本地蛙种造成过伤害。“当你想要操纵自然时，什么事情都可能发生，”美国麦卡利斯特学院的生态学家马克·戴维斯（Mark A. Davis）说。其他人则主张“亡羊补牢，犹未为晚”。“在这个星球上，已经没有一个角落看不见人类干预的痕迹。是时候让我们行动起来，想办法解决这些问题了，”澳大利亚昆士兰大学的海洋生物学家奥夫·胡–古德贝格（Ove Hoegh-Guldberg）说道，“此时此刻，除了任由大灭绝发生外，我们还有其他选择。”

秃鹫困境

撰文：简 · 布拉克斯顿 · 利特尔（Jane Braxton Little）
翻译：高瑞雪

INTRODUCTION

加州神鹫濒临灭绝，科学家正想方设法使之恢复种群数量。目前这一努力已经初见成效，全世界的加州神鹫数量已经从1987年的22只回升到了396只，加州神鹫复兴计划为濒危动物保护提供了一个很好的范例。

1987年，美国实施了一项自然保护运动计划，捕获了当时所有幸存的野生加州神鹫。1992年，保护计划启动五年后，第一只放归野外的加州神鹫站在了悬崖边上，它犹豫不决地跳了几下，伸

加州神鹫

加州神鹫（*Gymnogyps californianus*），属于美洲鹫科新大陆秃鹫家族，为北美洲大陆最大的鸟。如今这种鹫只生活在科罗拉多大峡谷区域，以及加利福尼亚州和下加利福尼亚州北部的西海岸的群山中。它是加州兀鹫属中唯一存活的物种。加州神鹫体长可达1.3~1.4米，双翅展开宽3米，体重超过11千克。雌雄鸟羽色相似，但雄鸟体形较大。全身羽毛大部分为淡黑色，领羽灰色，头颈裸露呈黄色，远远望去，像披着一件大氅，威风凛凛，尊贵威严。加州神鹫是食腐动物，吃大量的腐肉。它是世界上寿命最长的鸟类之一，其寿命可达50年。

了伸略带粉红色的脖子，然后试着扇动起了它那接近3米长的翅膀。

自从具有里程碑意义的首次放归以来，野生动物学家已经放归了近200只圈养的秃鹫。全世界的加州神鹫数量已经从1987年的22只回升到了396只。目前，野生种群主要集中于墨西哥的下加利福尼亚（Baja California）、美国的亚利桑那州以及加利福尼亚州的中部和南部。随着这些大型食腐动物返回到方圆700万平方千米的广阔区域，科学家开始利用一些先进技术，帮助这些更新世时代的幸存者们继续生存下去。除此之外，他们还用一些富有创造性的方法，比如把未受精卵换成受精卵，以使这个种群的成员数量完全恢复。

杰西·格兰瑟姆（Jesse Grantham）是美国鱼类和野生动物管理局（U.S. Fish and Wildlife Service）“加州神鹫复兴计划”的协调员。他可以在美国加利福尼亚州凡吐拉市的办公室，追踪到每一只加州神鹫的位置，误差不超过几英尺。他和同事为每一只秃鹫都装上了无线电发射器和太阳能GPS设备，每套设备每天都会送回1,000多个位置信息。如果在一段时间内，位置信息总是由同一个地点返回，那就意味着这只秃鹫有麻烦了。工作人员就会长途跋涉，穿过遥远的峡谷去寻找生病或者死亡的秃鹫，检查它们的身体以及它们吃进的腐肉。GPS数据也有助于科学家发现秃鹫繁殖的洞穴，查看秃鹫卵能否孵化，甚至把野外秃鹫产下的不能孵化的卵换成圈养秃鹫的、孕育着旺盛生命力的卵。

科学家发现，放归的加州神鹫所面临的危

险，其中有很多都和26年前一样。最大的危险是腐肉中的铅弹碎片。尽管在加州神鹫的栖息地是禁止使用铅弹的，但这个问题依然持续威胁着秃鹫的生存，十只秃鹫里就有九只存在着体内铅含量过高的问题。瓶盖、DDT、高压线和间或发生的偷猎也有不小影响。这意味着，环境中仍然存在“会使加州神鹫灭绝的所有因素，”格兰瑟姆说。

尽管如此，利用无线电遥测记录，科学家正在尽最大努力消除这些危险因素。在加利福尼亚州大苏尔海岸附近，GPS的跟踪记录显示出了一条秃鹫从南加利福尼亚的安德森峰（Anderson peak）到太平洋的飞行路径，在这条路径上太平洋燃气和电力公司（PG＆E）有着长达三英里的输电线。三只秃鹫触电死亡后，摆在面前的数据终于说服了PG＆E将输电线埋入地下。另外，科学家还努力让太阳能和风能开发者在工程选址时，避开秃鹫的飞行路径。在最重要的问题上，他们也取得了进展——呼吁扩大铅弹禁令的管制范围，并更严格地执行禁令。

今后，科学家将会获得更多数据。新的研究计划包括，在秃鹫身上安装微型电子设备，记录心率和扑翼强度，以了解风速和风向如何影响秃鹫对能量的使用。将飞行信息和气象数据联系到一起，科学家可以更准确地了解秃鹫的活动范围，确定哪些地区需要重点保护，美国圣迭戈动物园动物保护研究所的迈克·华莱士（Mike Wallace）说道。

每年花费500万美元的秃鹫复兴计划已经证明，引导加州神鹫在野外繁殖、养育雏鹫是完全可行的。格兰瑟姆和华莱士乐观地认为，在遥测技术的帮助下，秃鹫种群是可以重新繁盛起来的——如果能解决掉铅弹问题的话。

给美洲豹安家

撰文：苏珊·格林伯格（Susan H. Greenberg）
翻译：薄锦

INTRODUCTION

是否需要为美洲豹专门划定自然保护区引起了人们的广泛争议，目前世界上的濒危物种数量巨大，需要优先保护哪些物种成为一个不可回避的问题。经过数年法律争议，美国政府最终决定，将为美洲豹设置自然保护区。

美洲豹，体型仅次于狮和虎，是全球第三大和西半球最大的猫科动物，曾在美国繁衍生息。18、19世纪时，人们曾在亚利桑那、新墨西哥、加利福尼亚、得克萨斯等州发现过它们的踪迹。它们有时也会迁至更远的地方，东至北卡罗来纳州，西至科罗拉多州。

由于人类对其领地的侵占，濒临灭绝的美洲豹活动地域整体南迁。如今，它们分布于阿根廷北部到墨西哥索诺拉沙漠一带。不过，由于它们频繁穿越美国西南部边境，有环境保护人士呼吁，美洲豹应有自己的保护栖息地。现在，经过数年法律争议，美国鱼类与野生动植物管理局（Fish and Wildlife Service，FWS）已表示同意。“我们确实计划提议划定若干保护栖息地，”FWS凤凰城分局

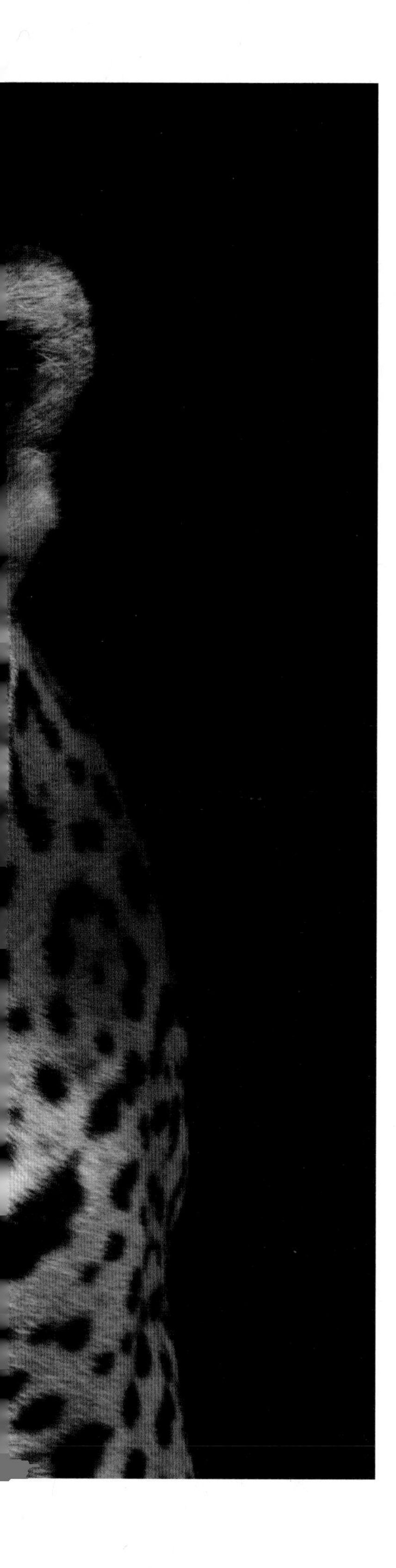

的辖地调查督导员史蒂夫·斯潘格勒（Steve Spangle）表示，“只是地点、面积尚待落实。”

美洲豹是否值得拥有自然保护区，反映出环保圈内广泛争议的一个问题。那就是，这个星球上日渐消逝的生物种目繁多，我们要如何排定相关资金投入的轻重缓急？有很多专家相信，帮助美洲豹生存下去的最佳途径，就是在边境以南即它们繁衍生息之地，为它们提供更多的资源。但生物多样性中心（Center for Biological Diversity，倡议FWS划定关键栖息地的组织机构之一）的迈克尔·罗宾逊（Michael Robinson）却认为，美国至20世纪60年代开展的掠食动物扑杀运动，致使美洲豹遭到成批猎杀，应该在这些美洲豹灭绝的地区，重新恢复这一种群的生态平衡。他声称，以历史的眼光来看待这一问题，而不是仅仅从当前的现状出发，对解决问题非常重要。

无论美国政府批准的自然保护区位于何处，大概都会是很小的一块。FWS的一个智囊小组在2012年4月份起草了一份草案，圈出的保护区地段包括亚利桑那州的东南角地区以及新墨西哥州西南角的一小部分地区，却忽略了新墨西哥州的吉拉国家森林公园（Gila National Forest）以及亚利桑那州的莫戈隆陡崖（Mogollon Rim）——据罗宾逊表示，这两处均为美洲豹的首要栖息地。

这一话题“足够人们再争执上几代人的

美洲豹

美洲豹又叫美洲虎，是生活在美洲的一种食肉动物。它身上的花纹比较像豹，但整个身体的形状又更接近于虎，体型大小介于虎和豹之间，是美洲大陆上最大的猫科动物。美洲豹集合了猫科动物的所有优点，是猫科中名副其实的全能冠军，它具有虎、狮的力量，又有豹、猫的灵敏。咬合力很强，犬齿咬合力可达850磅，臼齿咬合力可达1,250磅。使猎物毙命的效率最高，它在咬死猎物时，不同于大多数猫科动物和食肉猛兽一样喜欢一口咬断猎物的喉咙，而是更喜欢用强有力的下颚和牙齿直接咬穿动物坚硬的头盖骨，甚至可以一口就咬穿龟坚硬的外壳。

美洲豹广泛分布在南北美洲各处，最北分布至美国亚利桑那州，最南分布到阿根廷的北部。它们栖息于森林、丛林、草原，常常单独行动，白天在树上休息，夜间捕食野猪、猴类、水豚及鱼类。无明显的繁殖季节，常在春季发情，4岁性成熟，孕期100天左右，每胎2~4仔。美洲豹野外寿命约18年，人工饲养达20多年。

时间，与此同时，这些物种则在走向灭亡，”FWS的智囊小组负责人之一、美国野生猫科动物保护组织Panthera的美洲豹项目执行总监霍华德·奎格利（Howard Quigley）说，“我们最需要的是一块土地，让我们着手实施相应的复原措施。”现在，起码迈出了这第一步。

话题五

生态系统的拯救

大自然是一场交响音乐会：在名为环境的会场里，每个物种都有它们自己的位置，它们所发出的声音合奏就成为了一场优雅而又壮阔的交响乐演出。然而，人类活动已经破坏了大自然的交响乐，生命也许会从生机勃勃到沉寂无声。我们该怎样让这美妙的交响乐重新奏响？

湿地的终结

撰文：萨拉·比尔兹利（Sala Beardsley）
翻译：波特

INTRODUCTION

湿地是位于陆生生态系统和水生生态系统之间的过渡性地带，在土壤浸泡在水中的特定环境下，生长着很多湿地的特征植物。湿地广泛分布于世界各地，拥有众多野生动植物资源，是重要的生态系统。美国的一项法案可能会使90%的湿地受到威胁。

湿地——地球之肾

湿地指天然或人工形成的沼泽地等带有静止或流动水体的成片浅水区，还包括在低潮时水深不超过6米的水域。湿地与森林、海洋并称全球三大生态系统，在世界各地分布广泛。湿地是地球上有着多功能的、富有生物多样性的生态系统，是人类最重要的生存环境之一。湿地覆盖的地球表面仅有6%，却为地球上20%的已知物种提供了生存环境，具有不可替代的生态功能，因此享有“地球之肾”的美誉。为了提高人们保护湿地的意识，1996年3月《湿地公约》常务委员会第19次会议决定，从1997年起，将每年的2月2日定为“世界湿地日”。

2006年2月21日，是法官塞缪尔·阿利托（Samuel Alito）上班的第一天。他坐在美国最高法院那九把高背椅的其中一把上，听取“拉佩诺斯诉美国政府”(Rapanos v. United States)和“卡拉拜尔诉美国陆军工程兵团”(Carabell v. the U.S. Army Corps of Engineers)这两起案件。它们虽然不像乔斯·帕迪利亚（Jose Padilla）的反政府请愿案那样轰动，也不像联邦窃听案那样高端，但却可能比那些案件的影响力更大。两案并立，都要求法官们（特别是阿利托这种对投票还摇摆不定的人）作出判定，国家机构是否能够在干燥的、可开发的土地与天然的、受保护的湿地之间的浸水地带行使权力。支持原告的判决将使美国绝大多数湿地处于危险之中。

美国华盛顿特区的湿地问题律师玛格丽特·斯特兰德（Margaret Strand）简要地说："令人不安的是，保护生物多样性变成了对私人财产的调节。"这使得美国的两大原则，即联邦体制和环境保护之间发生了冲突。这种不安起源于1972年的《洁净水法》（The Clear Water Act），它交给美国环境保护署一项任务，保护所有"可以航行的水域"免遭未经许可的排放物污染。后来，"可以航行的水域"又进一步被定义为"美国的水域"。那时，相对更加宽阔的水体而言，湿地仅仅是安全工作的附加保护物。但是，对生物群系生态学价

危险：如果最高法院的判决支持原告(他们认为《洁净水法》管得太多了)，美国的湿地，比如美国马萨诸塞州中部的这片湿地，就可能会失去联邦的保护。

值的重视，促使法院对建立在广泛基础之上的政府权力给予支持。他们能够这样做，是因为“几乎任何一点点潮湿的地方，都被算作了美国的水域，”华盛顿特区的另一位律师唐·卡尔（Don Carr）说。

约翰·拉佩诺斯和琼·卡拉拜尔是美国密歇根州的两个土地所有者，他们的土地与最近的航道有32.2千米的间距，并且中间还有一道护堤阻断了排水系统，但他们获得土地开发许可的申请还是被拒绝了。经过数十年的法庭斗争，请愿者已经形成了一支反对美国环保署（EPA）的大军，他们认为环保署的权力过大了。在代表请愿者观点的一份摘要中，他们把政府的权力描述为“从最

近的航道到向外几百千米的遥远沙漠都要管”——远远超出了他们认为国会给予这项法案的权力。实际上，拉佩诺斯向议员们游说，试图将联邦的权限限制在“实际上适于航行”的水域（即商业航道）和其邻近的湿地。但美国乔治敦大学（Georgetown University）法律教授理查德·拉扎勒斯(Richard Lazarus)认为，这样的诠释将会让90%受保护的湿地遭到掠夺。

美国国家湿地管理者协会（Association for State Wetland Managers）会长乔恩·库斯勒（Jon Kusler）解释说，各州并不愿意取代联邦的执行权力，因为只有一半的州有湿地规划。而且“地方团体对土地开发施加压力”，使地方的指导方针并不那么严格，斯特兰德补充说。卡拉拜尔的经历就是一个很好的例子：尽管密歇根州允许对有争议的土地实行共管，联邦政府却行使自己的权限，否决了这个规定。对于下游的污染问题，依据美国的州法律来处理，会产生更大的问题：在规定不同的州之间倾倒污染物，将导致整个分水岭出现多米诺骨牌效应。“所有的排污者不得不做的事情是，到离上游足够远的地方倾倒污染物，”戴维·苏特（David Souter）法官在口头辩论时分析，“因为这些污染物最终会进入可航行的水道。”

然而，请求者宣称，他们的土地其实被分隔得很好，不会造成这类问题。2001年最高法院的一项判决为他们提供了先例，确认了“水文学上划分”的湿地属于州的权限范围。联邦制拥护者如罗伯特·皮尔斯（Robert Pierce），过去是美国陆军工程兵团的一名官员，曾经强烈支持美国环保署的法律，他现在则认为，政府对许可申请的否决经常达不到目的。皮尔斯认为，各州其实能够把闲散的资源重新派上用场，而永久性的政府规划只是“主要的经济排水沟”，把本该用于别处的资金浪费掉了。

然而，面对天然湿地的持续减少，政府的效率即使很低，也是有意义的。全球水政策计划组织（Global Water Policy Project）主任桑德拉·波斯特尔（Sandra Postel）强调说：“要保护国家的生物完整性，你就不能不保护这些水域。”而且，人们还是应该回忆一下，卡特里娜飓风——从那些曾经是湿地，并且本该作为防洪系统缓冲区的地方获得了威力——对社会造成的损失有多大。

然而，联邦的强烈支持者将拉佩诺斯案视为一个限制政治权力的机会。“这个案件不是关于丧失湿地或拯救湿地的，”皮尔斯说，他承认政府的退缩将导致环境破坏，“这个事件要求根据国会的界定，把联邦政府放到它本该处于的位置。在我看来，这才是更重要的问题。”

关于湿地的糟糕计算

按照美国国家湿地管理者协会乔恩·库斯勒的说法，湿地是“地球上生物种类最丰富的地区”，但是在过去的一个世纪里，一半的湿地已经消失了。土地开发者试图通过在其他地方产生湿地来补偿损失，但是，这种代替通常距离原来的地区很远，不仅破坏了自然生态系统，还破坏了动植物栖息地的环境。

在过去的几年中，湿地保护上许多表面上的成绩——比如，一份2006年美国鱼类和野生动物管理局(Fish & Wildlife Services)的报告第一次鼓吹湿地“没有净损失”——依赖于把这些刚刚形成的湿地包含在统计中。实际上，报告中（一个综合了收获和损失的平衡差额）显示，12%的淡水湿地增加量来自新生的淡水池塘，它们“被认为不可能提供与湿地价值相同的环境价值”，报告的作者总结道。正如库斯勒评价的那样：“挖个农田池塘并不是恢复了一片湿地。”

河口的生态危机

撰文：罗杰·多伊尔（Rodger Doyle）
翻译：丁莉

INTRODUCTION

社会发展的代价是河流入海口的生态系统退化，河流入海口可能已经成为生态系统中的“死亡区”。保护河口生态系统已经刻不容缓。

河流入海口是淡水与海水交汇的地方，那里生态环境变化多端、异常复杂，也是许多经济种群（极具经济价值的生物物种）重要的栖息地。入海口和近海水域都受到了大致相同的环境压力的影响，生态系统长期退化。实际上，联合国在2006年宣称，中国最大的两条河流——长江和黄河的入海口已经成为“死亡区”。不仅河流入海口和近海海域的环境遭受破坏，连更广阔的海洋也同样受到影响。

为了评估河流入海口和近海海域的受害程度，重建它们的生态史，加拿大达尔豪西大学（Dalhousie University，位于加拿大新斯科舍省哈利法克斯市）的海克·洛策（Heike K. Lotze）领导的一个国际研究小组分析了数百份文件。研究小组集中分析了12个位于温带地区的河流入海口及近海生态系统，它们长期受到人类发展活动的影响，短的有150年，最长的甚至达到2,500年。他们在每一片海域考察了30~80个物种，测定了7种水质参数，还收集了外来物种入侵的数据。

通常，在狩猎采集和农业时代，近海生态环境的退化程度较小。（不过，即使是史前人类也可以造成破坏；在美国旧金山湾，早期狩猎者捕尽了海獭、巨鹅、白鲟和当地的牡蛎种群。）大约300年前，市场经济开始发展，生态系统的生物多样性便急速降低。然而，过去50年来也出现了一些改善的迹象：鸟类的数量有所上升，爬行动物、哺乳动物以及植物的数量也大体保持稳定，只有无脊椎动物和鱼类的数量急剧减少。退化最严重的生态系统，是那些受到高强度商业活动影响时间最久的地区，比如亚德里亚海北部、波罗的海西部和沃顿海。

到20世纪末，他们研究的物种有91%出现了衰竭（即种群数量减少了一半以上），31%的物种已经十分罕见（减少了90%以上），7%的物种已经灭绝。种群数量的减少无法用外来物种（例如软壳蛤）的入侵来解释，也不是气候变化的结果。

过去100年来，包括芬迪湾外部、圣劳伦斯湾南部和马萨诸塞湾在内的一些近海海域，物种种群数量有所增加，这显然要归功于保护得力。其他海域种群数量的减少速度也已放缓。洛策及其同事认为，这些趋势表明生态系统退化已经度过低谷期，开始踏上复苏之路，不过速度仍然缓慢。

商业化保护红杉林

撰文：马克·菲谢蒂（Mark Fischetti）
翻译：王栋

INTRODUCTION

环境保护最头疼的问题可能在于资金缺口，在美国，一种新颖的经营模式也许可以保护森林，还能让投资人得到回报。这是一种双赢的结果，值得推广。

多年来，一些环保组织筹集了大量的资金，来保护处于原始状态的地区。他们设置保护区，或者将整片土地购买下来。2007年6月，一家合资公司宣称，他们已经购买了50,635英亩（约205平方公里）的北加利福尼亚红杉林，并将通过非盈利性的商业运作来保护这片土地。这是一笔完全由私募资本完成的收购。该项目的管理部门，位于美国加利福尼亚州瓜拉拉市的红杉林基金有限责任公司（RFFI）声称，这项交易开创了美国非盈利性森林运营的先例，将为其他自然资源的保护工作树立榜样。

“万事开头难！”RFFI的执行总裁，该项目的设计师唐·肯普（Don Kemp）说，“我希望这个项目会给其他人带来启迪。”

RFFI以优惠利率从美国银行贷得6,500万美元，买下了这片被称为“乌萨尔红杉林”的森林。这片森林已被采伐了几十年，最后一任经营商——山楂木材公司急于寻找一位买家脱手，因为森林中最有价值的部分已经被采伐殆尽。

森林资产：一种新的可持续利用森林的经营模式，能让投资者和环保人士皆大欢喜。

仅剩的“存货”主要由年轻树木构成，它们还需要很多年才能产生经济效益。通常，运营商会将这片土地卖给建筑开发商，或由政府收购，改造成保护区或公园。作为纽约银行的前任资本市场主管，肯普认为，虽然后一种处理方法看起来不错，但为此掏腰包的却是纳税人，而且会减少就业机会，又带不来任何税收。

由于这些不利因素，试图通过禁止一切运营活动来保护森林的做法，已经越来越行不通了。RFFI的这次收购产生了显著的公众效应。肯普说：“我们把树木的采伐率降到2%以下，让森林休养生息，以便可持续开发。同时，我们的目标是让红杉林恢复到自然状态，这一过程也许要花上100年的时间。”他强调，轻度采伐、休养生息和恢复原貌不仅能保护森林，还能提供工作岗位。“我们会继续雇用工人，我们还会继续纳税”。

环保组织和商业机构都在关注这一收购，把它作为自由市场能否促进环境保护的一次试验。肯普说，美国大自然保护协会等组织的传统做法是，买下一片土地，并把它隔离起来，但这样的模式越来越难以为继，因为他们获得的捐

款有限，而且隔离一块土地也会减少当地居民的就业机会。

RFFI的策略是，把位于美国旧金山市以北180英里（约290千米）的乌萨尔红杉林，看作一个可持续利用的资产。肯普说："我们的投资者非常有耐心。他们会得到回报，只是要等15年，甚至更久。"他获得了美国银行的信任，考虑到预期的环境效益和良好公众关系的价值，银行向他提供了低息贷款。"我对一些所谓的'绿色投资者'很失望，"他补充道，"他们要求不低于9%的资金或股票回报。"

为了收回部分投资，RFFI将出售沿海岸大约300英亩（约1.2平方千米）的部分森林，用来修建公园。RFFI还将与自然保护基金会协商，考虑出售部分剩余森林的使用权。自然保护基金会是美国弗吉尼亚州阿灵顿市的一个环保组织，一旦这种非盈利性运营尝试失败，它将随时接手保护这片森林。美国俄勒冈州波特兰市的一家森林运营公司——坎贝尔集团，会遵循RFFI制订的指导方针来管理这片森林。

一些环境保护论者和资源保护论者仍心存疑虑，他们认为RFFI最终将被迫出售更多的土地，来维持运转或应付投资者。肯普也承认，

要想知道森林能否在经济上自给自足，还需要10年甚至更久的时间。

如果取得成功，这项尝试也许能树立一个榜样：自然资源（例如淡水湖）可以看作有形资产，可以利用私人资金来加以保护。此前有过一些类似的尝试，它们都部分依赖于政府公共资金的投入。2006年7月，美国大自然保护协会和森林保护协会联合私人和政府资金，从国际纸业公司手中收购了美国威斯康星州东北部的“自然河流遗产森林”。这片64,600英亩（约261平方千米）的土地也将进行可持续性采伐。

现在，越来越多的木材公司急于廉价出售采伐殆尽的森林。在这样的情况下，这两项采购均对保护森林十分必要。“看起来并不是每英亩土地都会变成高楼大厦，”美国森林资产有限责任公司总裁汤姆·图赫曼（Tom Tuchmann）说，该公司是RFFI收购案的中间方。他也指出：“仍然有很多公司正在将他们的土地分成小块出售。”他正忙于处理另一项与RFFI收购案相似的交易——位于俄勒冈州本德市的迪修特斯盆地土地信托公司，有意购买当地的“地平线森林”，面积约为33,000英亩（约134平方千米）。

图赫曼坚信，RFFI模式能在美国其他地方甚至在全世界发挥作用。他认为，保证成功需要两个主要因素，“一是拥有基础广泛的买家，能够理解资产的生物潜能和投资方的经济要求；二是拥有摒弃了成见的不同利益集团，愿意为森林保护和经济目标而共同努力。”

变调的自然交响乐

撰文：迈克尔·坦尼森（Michael Tennesen）
翻译：蒋青

INTRODUCTION

如果把生命看成是一场音乐会，那么每个物种所发出的声音合奏就成为了一场优雅的交响乐演出。然而，人类活动已经破坏了大自然的交响乐，生命将从生机勃勃到沉寂无声，这种转变足以发人深省。

对生物声学专家伯尼·克劳斯（Bernie Krause）来说，那是一个灵感突然降临的时刻——当时，他正在肯尼亚的马塞马拉国家保护区（Masai Mara National Reserve），为美国加利福尼亚科学院（California Academy of Sciences）录制自然环境中飞禽、走兽、昆虫、爬虫以及两栖类动物发出的声音。克劳斯曾经是一位穆格电子琴（Moog synthesizer）演奏手，给乔治·哈里森（George Harrison）、大门乐队（The Doors）和20世纪60年代的许多其他摇滚歌手伴奏过。在制作一场自然“音响风暴”的声谱时，他意识到“这就像是一份交响乐曲谱：每种动物都有自己的生态位，有自己的音域，就像管弦乐队里的各种乐器一样各有特色”。

克劳斯推断，大自然的这些“音乐家”合奏质量的高低，在很大程度上能够反映环境的健康状况。他认为，许多动物都演化出一种本领，能够在空闲音域中发声，以便

附近的配偶及同伴听到它们的声音；但是人类活动产生的噪声无所不在，从头顶上嗡嗡作响的飞机，到路面上隆隆滚动的车轮，都在威胁动物的繁殖活动。

自20世纪60年代末以来，克劳斯已经从非洲、中美洲、亚马孙流域及美国各地，采集了超过3,500个小时的自然音响。他发现，至少40％的“自然交响乐”已经发生了根本性改变，可以肯定“乐队”的许多成员在这些地方已经灭绝。“森林被砍伐，湿地被排干，大地被道路分割，再加上人类的噪声，已经让‘自然交响乐’变得面目全非。”克劳斯现在负责管理美国加利福尼亚州的艾伦谷野生保护区（Wild Sanctuary in Glen Ellen），这里是自然音响资料的宝库。为了寻找未受污染的声音，克劳斯还去过美国卡特迈国家公园（Katmai National Park）和北极国家野生动物保护区（Arctic National Wildlife Refuge）。即使在那些地方，要寻获理想的声音也得避开道路。

声音是评价自然环境状况的有用工具，美国康奈尔大学新热带区鸟类专家托马斯·舒伦贝格（Thomas S. Schulenberg）对此表示赞同，他曾经与人合写过《秘鲁的鸟》（*The Birds of Peru*）一书。舒伦贝格曾经远赴秘鲁东部的比尔卡班巴（Vilcabamba），那是一片常年被湿润云雾覆盖的蛮荒森林地带，“保护国际”组织（Conservation International）想在这里建立保护区。尽管舒伦贝格随身携带着双筒望远镜，但他在观察鸟类的“黎明合唱会”时，还是选择了定向麦克风和录音机。就像他自己所说的：“你能听见的鸟比能看见的要多好几倍。”

舒伦贝格相信动物会对一些噪声污染产生适应性，但这种适应是有限度的，特别是当噪声在环境中持久出现的时候。德国柏林自由大学的生物学家亨里克·布鲁姆（Henrik Brumm）在《动物生态学杂志》（*Journal of Animal Ecology*）上撰文指出，在交通繁忙的地带，柏林当地的雄性夜莺鸣唱时，不得不把音量提高5倍。“这会对它们用来鸣唱的肌肉产生影响吗？”舒伦贝格对此很好奇，“它们还能唱得更响吗？还是会遇到困境，最终被人类的噪声淘汰得无影无踪？”

美国国家公园管理局在推行所谓的“自然声音项目”时，也遭遇到了类似难题。该项目主管卡伦·特雷维尼奥（Karen K. Trevino）引述的一些研究表明：在飞机和直升机的噪声笼罩下，大角羊（bighorn sheep）取食草料的效率降低，山羊则四处逃散，北美驯鹿（caribou）的顺产率也有所下降。美国国家公园管理局的资深声学专家库尔特·弗里斯特拉普（Kurt Fristrup）指出，人为声响带来的问题远不止是噪音扰民这么简单。换句话说，噪声可以“掩盖自然界中一些轻微却重要的声响，比如脚步声和呼吸声——它们既能帮助捕食者发现并捕获猎物，也能帮助猎物逃脱捕食者的攻击”。

按照克劳斯的说法，声音还可以帮助人们确定，栖息地的破坏如何改变物种的种群数量。他在内华达山脉的林肯草甸（Lincoln Meadow）做过一项为期15年的研究。这一地区实行间伐制度，伐木工人声称这里没有发生什么变化。尽管从照片上看不出太多变化，但克劳斯发现，声音记录反映出物种多样性和物种密度的显著下降。克劳斯说：“从生机勃勃的自然交响乐到几乎沉寂无声——这种转变相当发人深省。”

蚯蚓“吞噬”森林

撰文：迈克尔·坦尼森（Michael Tennesen）
翻译：褚波

INTRODUCTION

生态学家们发现，美国五大湖区的森林正遭到蚯蚓的威胁。物种入侵的背后是人类行为引起的生态系统失衡。这提醒人们，尊重自然规律，人与自然才能和谐发展。

美国明尼苏达大学的生态学家辛迪·黑尔（Cindy Hale）曾给北美五大湖区许多忧心忡忡的居民回复电子邮件。她说，这些居民似乎都在自家花园里放养过蚯蚓（earthworm），“现在他们却担心花园会寸草不生”。

长期以来，蚯蚓都被视为园丁的“好帮手”——它们能够使土壤松软并充满空气。但在五大湖地区，情况却截然不同。黑尔说，自从10,000年前上一次冰河期，本土蚯蚓被严寒赶尽杀绝以来，美国东北部的森林就一直在没有蚯蚓的情况下进化着。现在，蚯蚓却回来了——有些是被垂钓者丢弃在森林里的鱼饵；有些是粘在越野车和运木卡车的轮胎上被带进来的；还有一些则是混在人们从其他地区带进来的护根盖土（mulch）中“偷渡”来的。

蚯蚓作为一个入侵物种，使枫树、椴树、红橡树、杨树、桦树等阔叶树组成的森林遭到严重破坏（针叶林似乎并未受到太大影响）。按照美国卡里生态系统研究所（Cary Institute of Ecosystem Studies，位于纽约州的米尔布鲁克）微生物生态学家彼得·格罗夫曼（Peter Groffman）的说法：美国东北部的阔叶林地表都有一层

美国五大湖区的阔叶林正遭到外来蚯蚓的破坏，图中的这种普通蚯蚓会吃掉腐叶，而腐叶正是对树木扎根十分重要的营养介质。

厚厚的腐叶，这是对林中树木扎根十分重要的营养介质。一旦蚯蚓“闯入有着厚厚一层有机营养物的地区，这层有机物就会在2～5年内消失”。

由于这种原因，东北地区一些原本有着茂盛林下植被的阔叶林，如今只能生长一种当地的草本植物，甚至连一棵树苗都没有。显然，蚯蚓改变了这些森林地表的微生物生态系统：原来被真菌统治的生态系统，现在却成了细菌的天下。这些细菌使腐叶更迅速地转化为无机物，将植物的有机养分洗劫一空。

并非所有外来蚯蚓都具有破坏性。全球5,000种蚯蚓中，只有16种来自欧亚大陆的变种确实会破坏森林。垂钓者最喜欢用来做鱼饵的普通蚯蚓（Lumbricus terrestris）就是其中一种，体长可达15～20厘米。美国人所说的亚拉巴马跳蚯蚓（Amynthas agrestis，又叫蛇蚯蚓或疯蚯蚓）则是另一种破坏森林的蚯蚓，这是一种攻击性很强的亚洲蚯蚓，喜欢高密度群居，能跳离地面，甚至能从垂钓者的鱼饵罐里跳出来。这种蚯蚓胃口极好，对土壤危害也最大。

受到蚯蚓影响的不仅仅是植物。美国佐治亚大学的野生动物生态学家约翰·梅尔茨（John Maerz）说，以这些蚯蚓为食的成年蜥蜴繁殖成功率更高，但蚯蚓太大以至于小蜥蜴无法吞食，导致蜥蜴数量出现负增长——而这些蜥蜴又是“蛇、小型哺乳动物、火鸡等很多森林动物”的猎物。

黑尔说，一旦蚯蚓“落地生根”，人们就很难再把它们逐出森林。考虑到蚯蚓带来的严重影响，美国农业部最近向黑尔及其同事划拨

了为期3年、总额为397,500美元的经费，资助他们研究蚯蚓入侵低温阔叶林造成的生态学变化。这些科学家还希望回答一些与营养和碳循环有关的问题——比如蚯蚓到底是在帮助土壤把碳“禁锢”起来，还是在帮助土壤把碳放回大气。黑尔解释说：“这个问题至今还没有定论。”

科学家承认，最有希望的解决办法是限制蚯蚓的活动，毕竟如果只靠自己，它们的活动领地每年只能扩大5～10米。这就意味要有新的条例来监管过往森林的交通工具、垂钓者对鱼饵的丢弃行为、伐木工人的卫生设备及其使用等。黑尔还主张控制公共社区的堆肥行为：“我记得第一次听到这件事情的时候，觉得这个想法真棒。不过再仔细想想，你要到处去收集树叶、草种和蚯蚓，把它们混在一起堆成堆，然后再把它们一一分开。这个想法其实很糟糕。”

给地球设定安全界限

撰文：戴维·别洛（David Biello）
翻译：朱机

INTRODUCTION

如果把地球看做是一个大的、复杂的生态系统，那么它的安全临界值可能是人们最为关心的问题。针对人类对地球的影响，科学家提出了一系列安全界限。

人类对地球的影响正变得越来越显而易见：我们造成的物种消失速度之快不亚于地质历史上任何一次物种大灭绝事件，此外还导致海洋迅速酸化，冰冠消融，河流三角洲沉降。现在，一个由29位科学家组成的国际团队已经开始了第一步行动，试图确定我们这颗星球具体的环境临界值。

南极洲上空的"臭氧空洞"（紫色）是用来衡量人类对地球影响的指标之一。

2009年9月23日，瑞典斯德哥尔摩大学的约翰·罗克斯特伦（Johan Rockstrom）与同事在《自然》杂志在线版上提出了9个"行星界限"。这些界限涉及气候变化、海洋酸化、化学污染及其他

方面，旨在为人类影响的天然系统设立安全临界值，不过确切数字目前还未敲定。

罗克斯特伦解释说：“我们面临的可持续性已经发展到了行星阶段，也就是说，我们正在胡乱摆动的是整个地球体系的固有过程。但决定我们这颗行星能够继续维持在稳定状态的地球体系过程到底有哪些？”

臭氧空洞

臭氧有吸收太阳紫外辐射的特性，臭氧层会保护我们不受到太阳紫外线的伤害，所以对地球生物来说是很重要的保护层，直接关系到生物圈的安危和人类的生存。随着人类活动的增强，特别是氟氯碳化物（CFCs）和哈龙（halons）等人造化学物质被大量使用，很容易就会破坏臭氧层，使大气中的臭氧总量明显减少。在南极上空，约有2,000多万平方千米的区域为臭氧稀薄区，科学家们形象地称之为“臭氧空洞”。

这项研究把最后一次冰川期以来人类文明发展繁荣的一万年［也就是所谓的全新世（Holocene epoch）］当成是人们期望的稳定状态，试图确定那些有可能推动行星周期超出安全界限的关键变数。举例来说，气候变化的关键变数是大气二氧化碳浓度，以及随之而来的截留热量总量的升高。目前，大气二氧化碳浓度已达387 ppm（百万分之一），远远高于工业革命之前的280 ppm。包括美国航空航天局（NASA）气候专家詹姆斯·汉森（James Hansen）在内的许多科学家认为，安全临界值应该是350 ppm，即每平方米增热1瓦特（现在的热量增长已经接近每平方米1.5瓦特）。

“我们开始非常粗略地量化我们所认为的、这些临界值应该具有的大小。所有这些都有很大的误差，”那篇论文的作者之一、美国明尼苏达大学环境研究所主任、生态学家乔纳森·福利（Jonathan Foley）说，“我们不知道阻止气候变化具体需要多少ppm，但我们认为至少应该在350ppm左右。”

在已确定的9个界限当中，人类还逾越了另外两个安全界限——生物多样性的丧失和可利用氮的含量（这一点要拜现代化肥所赐）。更糟糕的是，这些过程中有许多都会相互影响。“一个临界值被逾越后，其他安全界限会变得更加脆弱，”福利举例说，在一颗气候炎热的行星上，生物多样性丧失的速度会加快。

一些科学家在盛赞这种努力的同时，也对临界值设定的准确性提出批评。卡里生态系统研究所（Cary Institute of Ecosystem Studies）的生物地球化学家威廉·施莱辛格（William Schlesinger）就指出，对磷肥的限定过于温和，使得“恶性的、缓慢的、四下扩散的降解几乎可以无限制地持续下去”。另外，国际水资源管理研究所（International Water Management Institute，位于斯里兰卡）分管研究的副所长戴维·莫尔登（David Molden）也指出，亚洲的咸海正在枯竭，全球已经有7条大河无法再流入大海，其中就包括了美国的科罗拉多河，诸如此类的环境灾难在很多地方都在发生，如果放任人类的用水量（大部分是农业用水）从现在的每天2,600立方千米增长到未来的每天4,000立方千米，这些地区的情况会进一步恶化。

用英国牛津大学气候动力学研究组物理学家迈尔斯·艾伦（Myles Allen）的话来说，就连350 ppm的二氧化碳临界值也是“不靠谱的”。相反，他认为着眼于将累积排放量维持在1万亿吨以下或许更有意义——尽管这意味着人类已经挥霍掉了总排放预额的一多半。

如果不考虑对地球的影响，人类的物质繁荣很可能达到了前所未有的高度。问题在于“如何才能继续提高人类的境况？”福利问道，“我们要怎样做，才能在不毁掉这个星球的情况下养活近90亿人？真正重要的第一步，应该是至少了解一下危险的禁区在哪里。”

希望是有的。人类曾经跨出过其中一个安全界限：由于释放了破坏臭氧的化学物质，平流层臭氧含量降低形成了“臭氧空洞”。多亏了国际合作以及1989年的《蒙特利尔议定书》（Montreal Protocol），我们又退回了安全地带。“地球界限”的提出者之一、美国亚利桑那大学的环境科学家黛安娜·利弗曼（Diana Liverman）指出：“我们确实设法撤回到了臭氧的安全界限之内，在保护地区生物多样性方面做出了卓越的努力，减少了农业污染、空气颗粒物和水需求量，减缓了毁地造田的进程。这给了我们一些希望：只要我们选择去做，就能管理好人类对地球的影响。”

蒙特利尔议定书

蒙特利尔议定书又称作蒙特利尔公约，全名为“蒙特利尔破坏臭氧层物质管制议定书（Montreal Protocol on Substances that Deplete the Ozone Layer）”，是联合国为了避免工业产品中的氟氯碳化物对地球臭氧层继续造成恶化及损害，承续1985年保护臭氧层维也纳公约的大原则，于1987年9月16日邀请所属26个会员国在加拿大蒙特利尔所签署的环境保护公约。该公约自1989年1月1日起生效。

蒙特利尔公约中对CFC-11、CFC-12、CFC-113、CFC-114、CFC-115等五项氟氯碳化物及三项哈龙的生产做了严格的管制规定，并规定各国有共同努力保护臭氧层的义务，凡是对臭氧层有不良影响的活动，各国均应采取适当防治措施，影响的层面涉及电子光学清洗剂、冷气机、发泡剂、喷雾剂、灭火器……此外，公约中亦决定成立多边信托基金，援助发展中国家进行技术转移。

话题六

环保技术的开发

科技使我们的生活得到了前所未有的便利，但这些便利也让我们付出了代价：在穿上干净衣服时，去污剂却进入了河流中；渴了随时能买到瓶装水，但那些塑料瓶却会留在环境中，几百年也不会分解……幸而我们意识到了这些问题，依然是科技——也许还有一些政策来帮忙——让我们能够亡羊补牢。

让去污剂更安全

撰文：瑞贝卡·热纳（By Rebecca Renner）
翻译：周俊

INTRODUCTION

环境保护不仅仅是环保学家和生态学家的事，化学家们也在致力于提供更多的环境友好型产品。人们日常生活中遇到的去污剂就是一个例子，化学家们发现碳链越短，去污剂对环境的伤害越小，"短链去污剂"成为化学家们努力的目标。

去污剂让地毯和衣物清洗变得非常方便快捷，而这都归功于含氟表面活化剂（fluorosurfactant）。过去，人们常用这种活化剂来改善油漆和光亮剂的功效。受到特别关注的是全氟辛酸铵（PFOA），这种物质是含氟表面活化剂最常见的分解产物之一。2005年7月，美国环境保护署的科学顾问委员会建议，把全氟辛酸铵列为"可能的"人类致癌物；加拿大也开始禁止使用一些有可能在环境中分解为全氟辛酸铵

涂鸦可能成为往事：含氟表面活化剂保护层可能使漆面乱七八糟，新一代含氟表面活化剂对环境更安全。

的化合物。不过，化学家们正在致力于改变含氟表面活化剂的结构，使它们既能够发挥作用，又更加安全，并且还不会在环境中累积。

含氟表面活化剂的基本结构，是碳原子形成的长链，周围环绕着许多氟原子。碳链越长越坚固，效果越好，因为这种碳链，能让许多碳–氟分子到达表面发挥作用，并将碳链的大部分埋在深层。含氟表面活化剂最常用的，是添加在去污剂中，此时，碳–氟分子紧紧结合在一起，形成看不见的保护层。不过，链的长度也正是环境问题的根源所在。所谓的长链含氟表面活化剂，以8个碳原子结构（C8）为基础，比短链含氟表面活化剂更容易进入体内，分解形成全氟辛酸铵。加拿大阿尔伯塔大学环境毒理学家乔纳森·马丁（Jonathan Martin）说，全氟辛酸铵和其他相关长链含氟化学物质，会附着在血红蛋白上，伪装成消化酸，结果很难清除它们。

加拿大多伦多大学的化学家斯科特·马贝瑞（Scott Mabury）致力于揭示含氟表面活化剂对环境的影响。他认为解决环境问题的办法，是缩短碳–氟链，降低含氟表面活化剂的生物可利用性。实际上，早在2001年，美国3M公司在改良斯科奇加德防油防水剂（Scotchgard）的成分时，就利用了这种方法。然而，将碳原子从8个减到4个之后，产品供销也打了折扣。因此，3M公司等还在继续寻找更有效的解决办法。

为了取代光亮剂和油漆中的长链含氟表面活化剂，美国欧诺瓦解决方案公司（Omnova Solutions）为一些化学产品申请了专利：它们拥有长而有弹性的骨架，周围接满了短碳原子链（C1和C2）。柔性使短链可以到达物质表面，效果与传统C8光亮剂和蜡不相上下，甚至更佳。试验表明，这些化学物质不会在鱼体内累积，也不会在污水处理时分解。传统的含氟表面活化剂，似乎已经证实在污水处理过程中会分解，释放长链化学物质。欧诺瓦公司的含氟表面活化剂目前正在用于工业光亮剂和油漆中，这样，光亮剂和油漆使用起来更方便。同时，欧诺瓦公司的产品也用于抗涂鸦层中——涂鸦会使漆面乱七八糟。

化学家仍在挑战制造“短链去污剂”这项更艰巨的任务，并获得一些进展。美国北卡罗来纳大学查普希尔分校的研究人员，便在着手申请一种新型抗污化学产品的专利保护。这种抗污化学产品以2005年8月在美国化学学会年会上发布的短链为基础。研究者发现，利用特别的烃类来支撑C4链，会使它具有刚性。而这些成就可能只是揭开了短链含氟表面活化剂应用前景的序幕。

氟的功能

含氟表面活化剂能发挥作用，原因在于它们与周围的化学物质具有亲疏关系。被氟围绕的碳原子链形成疏端，排斥水基和油基污物。分子亲端与烃类物质相结合，将链附着到其余的保护层上。为了抵御污物，数百万碳—氟链的顶端必须停留在表面。例如，在较低浓度的时候，含氟表面活化剂的表面张力减少，使光亮剂和油漆更好使用，表面更光滑。

环保，别漏了蓝天

撰文：戴维·法利（David Farley）
翻译：朱机

INTRODUCTION

如今，环境保护意识已经渗透到我们生活的方方面面。当你在乘坐飞机时，有没有想到如何才能更环保？人们呼吁民航运输业也要重视回收再循环。环保，不能漏了蓝天。

即便是难得坐一次飞机的乘客或许也曾经留意到，乘务员收扫乘客废弃物品时，通常是把所有的空杯、残罐、旧报纸、破袋子一股脑装进同一个垃圾袋中。美国航空公司每年丢弃的铝罐，足以制造近58架波音747飞机，丢弃的纸张则足以填满70米深、足球场大小的深坑——换算成质量，就是4,250吨铝和72,250吨纸。拜客机航线所赐，规模排在前30名的机场产生的废弃物，数量足可匹敌迈阿密或明尼阿波利斯之类中型城市所产生的垃圾量。

美国民航运输业每年丢弃的铝罐，足以制造58架波音747飞机。

与其他旅游相关产业不同，民航运输业投身绿色环保革命的行动可谓龟速。比如说旅馆业，还会出于各种经济因素提倡客人不必每天更换毛巾，可民航运输业在环保之旅中却没有什么经济利益，来自政府的压力也相对更小。

美国自然资源保护委员会（Natural Resources Defense Council, NRDC）高级研究员艾伦·赫什科维茨（Allen Hershkowitz）表示，航空公司和机场不愿紧跟美国现在的回收再利用大潮事出有因。他曾在2006年12月发表过一份报告，测算了民航运输业的垃圾量，并抨击他们没有主动参与回收再循环。

难题之一在于，机场方面不愿意为了配合可回收材料改建他们的基础设施。甚至有些航线班机从垃圾中分离出可回收物品，因为机场方面没有相应的回收设备，最后依然会和不可回收垃圾归入一处。“机场在设计时没有考虑回收再循环，”赫什科维茨举例解释说，机场“有用于倾卸垃圾的废弃物便捷通道，可是没有可供回收使用的通道”。

不过好几家机场已经有了长足进步——近些年出现了回收再循环专用垃圾筒。有些机场对回收再循环的重视程度比较突出，比如好莱坞国际机场、西雅图－塔科玛国际机场、波特兰国际机场。尽管如此，目前还没有一家机场能达到美国垃圾回收利用率的平均值——31%，甚至远远低于这一标准。

机场方面不具备回收设备意味着航空公司要想回收废弃物必须自己承担成本——这就是大多数航空公司如今面临的经济选择困境。但正如赫什科维茨所言，航空公司其实没有意识到此举的回报，“把所有垃圾堆入垃圾场的成本其实更

高，还不如把可回收物品投入消费市场，然后收回部分资金”。赫什科维茨的研究发现，他考察过的4家致力于再循环项目的机场，每年至少可以节省10万美元。（西雅图－塔科玛机场以18万美元独占鳌头。）

一项名为混合回收的方法，或许是降低成本并让更多航空公司加入回收再循环行列的最简单途径。这个方法用不着在飞机上分离可重复利用的材料和不可重复利用的废物，而是用一种机器将废物从可重复利用材料中挑出来，然后分离不同类型的可回收物品。如今有多家废品管理公司向航空公司提供这一服务。因此，2007年仅在5个城市实施回收的达美航空公司，2008年把回收再循环扩展到了23个城市。美国西南航空和捷蓝航空也开始加入混合回收的行列。美国西南航空拒绝透露从回收再循环中赚了多少钱，但该公司的一位代表称，他们的目标是让回收所得款项来为废品管理埋单。

尽管近年来已经取得了上述成果，赫什科维茨并不满足。他希望奥巴马政府能出台一些法令，迫使航空公司和机场更重视回收再循环。他强调说：“仅仅依靠自觉是行不通的。”2009年1月，赫什科维茨与美国政府问责办公室（GAO）会面商讨了这一问题，并建议制定法令，要求所有拿到联邦基金的机场必须着手从废弃物中分离可回收物品。

塑料瓶回收再回收

撰文：拉里·格林迈耶（Larry Greenemeier）
翻译：蒋顺兴

塑料垃圾污染是当今人类社会的一大难题，利用一种有机催化剂可以增加塑料循环再生利用的次数。

大多数被丢弃的塑料饮料瓶能循环再生，它们都印有中间是数字1的三角形箭头图案。然而，回收生成的第二代塑料通常没法用来制作新的容器。如今，研究者已经想出了一种生产塑料瓶的方法，可以增加它们循环再生的次数。

这些利用PET（Polyethylene terephthalate，聚对苯二甲酸乙二酯）热塑性塑料制成的瓶子到底有什么问题呢？原来，在生产它们的过程中，常常需要加入金属氧化物或者金属氢氧化物作为催化剂。这些催化剂残留在回收材料中，使材料随着时间的流逝而慢慢变差。如此一来，用这些材料制造第三代塑料制品就变得不切实际了。第二代PET材料的用处也乏善可陈，它们只能用来做地毯，以及衣服、睡袋等的填充物。更有甚者，它们会直接被当做垃圾处理掉。根据美国加利福尼亚州卡尔弗城的非营利性组织——容器循环再生研究所（Container Recycling Institute）的资料，在美国，仅2010年前三个月就有大约240亿个塑料饮料瓶被烧毁、倾倒、掩埋，或被当做垃圾丢弃掉。

据2010年2月16日出版的《高分子》（*Macromolecules*）杂志报道，美国加利福尼亚州圣何塞IBM阿尔马登研究中心（IBM Almaden Research Center）和美国斯坦福大学的科学家组成的课题组已经制造出一类有机催化剂，可以使塑料达到可被生物完全降解和循环再生的程度。这些研究者说，这些有机催化剂可以与高效的金属催化剂相匹敌，同时相当环保。他们还相信，这项研究可以催生出一种新的循环再生方式，也就是将聚合物分解为组成它们的单体后再重新利用。

加快绿色专利审批

撰文：拉里·格林迈耶（Larry Greenemeier）
翻译：王栋

INTRODUCTION

加快绿色技术的审批周期，让绿色环保技术不至于在办公室的漫长审核中“枯萎”，也是一种“环保”。

2009年12月，美国专利商标局（U.S. Patent and Trademark Office，USPTO）启动了一个试点项目，以加快绿色技术的发展。试点项目的目标是，将通常长达40个月的专利申请评估周期缩短一年。然而，专利局已经批准通过的专利，大约只占收到申请总数的1/3，这让发明者甚至专利局本身都感到失望。美国专利商标局专利评审委员罗伯特·斯托尔（Robert L. Stoll）说，这个项目的通过率“比我此前期待的要低”。

截至2010年5月初，提交给美国专利商标局“绿色科技”试点项目的943项申请中，只有335项合格并被提交进入专利审查程序。对此，斯托尔解释说，申请人往往过于“急进”，只想受益于这一“快速通道”，却忽视了该项目必须满足的要求。

对于该项目的要求，美国专利商标局在2009年12月8日的《联邦公报》（*Federal Register*）上给出了如下解释：他们寻找的发明必须分属于几个大类——特别是环境质量、能源保护、可再生能源发展，以及削减温室气体排放。《公报》还列出了79个具体类别。然而，斯托尔也承认，如果这个办公室只能批准1/3的申请，“或许我们需要抛弃对大类和类别的限制，放宽对绿色技术的定义”。

但是，在这一领域，很难定义哪些要素才能构成一项值得颁发专利的发明。美国马萨诸塞州剑桥市芬尼根–亨德森律师事务所的合伙人埃里克·拉齐蒂（Eric P. Raciti）说，大多数正在开发用于改善（或者说至少不损害）环境的技术，都只不过是对现有设备的一些改进。在美国专利商标局做过5年专利审查官的拉齐蒂解释说，尽管所有能产生能量并降低对化石能源依赖程度的发明都可以被认为是绿色的，但实际上能够做到这一点的技术，往往都借鉴了来自其他领域的跨学科技术元素的融合。

美国纽约Lux研究科技咨询公司的研究主管马克·宾格尔（Mark Bünger）也说，这个为绿色专利提供快速通道的项目，对绿色技术的发展“不会带来多大的影响”，因为许多此类技术已经获得过专利了。他表示，“我不会去过度吹嘘绿色专利快速通道的重要性”。宾格尔还说，各大公司试图申请绿色专利的那些技术，通常只是一个能够削减化石能源消耗或者有助于保护环境的较大工程或项目中的一小部分，然而“在清洁技术领域，永远不可能存在单靠它自己就能全部搞定的所谓‘关键技术’”。

并不是所有的公司都放弃了申请绿色专利的希望，尤其是那些正在起步发展中的新公司。“能够宣称自己的发明符合快速通道要求，就意味它确实具有一些特别之处，”美国加利福尼亚州山景城高增益太阳能电池板阵列

植物灯泡不用插电？旨在鼓励绿色技术的专利快速审批系统进展缓慢，暗示绿色技术的定义需要重新思考。

制造商Skyline Solar公司的市场及外勤部副主管蒂姆·基廷（Tim Keating）说，“这肯定会让投资者更有信心，意味着你能以更小的代价来取得盈利，并且能在更短的时间内盈利。”

斯托尔说，为期一年的试点期满后，快速通道项目是否能继续下去，将取决于若干评价标准。标准包括：热情的发明者对该项目的利用情况（申请数量），他们提交合乎标准的绿色技术专利申请的频率，以及公众对该项目的评价。

细菌“吃”掉塑料

撰文：阿曼达·罗斯·马丁内兹（Amanda Rose Martinez）
翻译：蒋青

INTRODUCTION

小小的细菌可能才是真正的“环保卫士”，研究表明，它们可能掌管着对付白色污染的制胜法宝。细菌通过降解海洋中的塑料废弃物，担负着海洋清道夫的角色。

我们把购物袋、杯子、瓶子和其他废弃物扔进大海。它们的残块又化身为亿万片指甲盖大小的塑料屑，聚集在海面上。目前，至少在两个海盆（北太平洋和北大西洋）的中心地带，都能瞥见这些塑料屑的身影。

2010年，一组研究人员在《科学》杂志上发表文章，披露了一个不为人知的秘密。通过调查22年来北大西洋西部的塑料积累情况，科学家发现，尽管这

白色污染

白色污染是人们对难降解的塑料垃圾(多指塑料袋)污染环境现象的一种形象称谓。它是指用聚苯乙烯、聚丙烯、聚氯乙烯等高分子化合物制成的各类生活塑料制品使用后被弃置成为固体废物，由于随意乱丢乱扔，难于降解处理，以致造成城市环境严重污染的现象。

白色污染是全球城市都有的环境污染，在各种公共场所到处都能看见大量废弃的塑料制品，他们从自然界而来，由人类制造，最终归结于大自然时却不易被自然所消纳，从而影响了大自然的生态环境。从节约资源的角度出发，由于塑料制品的主要来源是面临枯竭的石油资源，应尽可能回收，但由于现阶段再回收的生产成本远高于直接生产成本，在现行市场经济条件下尚难以做到。

些年的全球塑料制品产量从每年7,500万吨飙升到了2.45亿吨，但调查区的塑料总量却没有增长。多出来的塑料去哪儿了？新研究表明，这些碎屑恐怕都被海洋微生物“吃”进肚子了。

在最近一次北大西洋马尾藻海远航中，美国海洋教育协会（Sea Education Association，SEA）的科学家收集了一些在肉眼看来相对平整光洁的塑料屑。但是，当他们在扫描电子显微镜下放大这些1厘米见方的碎片时，映入眼帘的却是一个新世界。“我们看见碎片都被细菌覆盖了，”伍兹·霍尔海洋研究所（Woods Hole Oceanographic Institution）的特雷西·明塞尔（Tracy Mincer）说。

更令人惊奇的还在后面。他观察一个个细菌，看着它们沉降到塑料表面，腐蚀出两倍于自身直径的印迹。明塞尔说：“它们看上去就像在雪地上燃烧的煤块。”2011年3月，他的同事在于檀香山举办的第5届国际海洋废弃物会议（the Fifth International Marine Debris Conference）上报告了这一发现。

明塞尔提醒说，目前的观察结果尚属初步，但是如果得到确证，这些发现就会成为海洋微生物能够降解塑料废弃物的首份证据。他还说，尽管学术界公认，细菌在温暖潮湿、营养富集的垃圾填埋地带有降解塑料的能力，却一直认为海洋表层的环境很糟糕，以至于生物降解难以发生。那里水体寒冷、水流湍急，养分也极其贫乏（在马尾藻海，养分贫乏的情况尤甚）。

海洋教育协会的卡拉·拉文德·劳（Kara Lavender Law）曾作为美国《科学》杂志上一篇文章的第一作者，首次报道了海洋塑料的消失之谜。她认为，新研究对理解海洋中塑料废弃物的最终命运非常关键。“如果我们能弄明白塑料是怎么被分解成小分子的，那可真是个惊人的发现，”她说道。

话题七

新能源带来新希望

石油资源的利用遭遇到了难题：能够很容易开采出来的石油资源已经越来越少了，人类社会不得不使用更昂贵的设备，加入更复杂的化学剂，以及投入更多能量去开采那些不怎么容易开采的石油——且不说燃烧化石燃料是大气中二氧化碳含量升高的主要原因。我们是时候将目光从石油身上移开了。从地热能到风力发电，从太阳能电池板到新型锂电池，从纤维素乙醇到细菌炼油厂，这些新能源也许还不算完美，却为我们带来了延续的——用时髦的词来说是可持续的——希望。

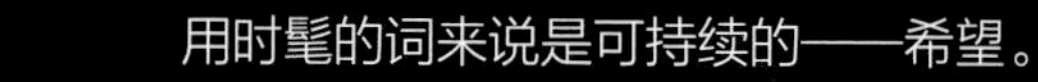

用之不尽的地热资源

撰文：戴维 · 别洛（David Biello）
翻译：刘旸

地球内部蕴藏的能量是惊人的。在能源紧张的今天，取之不尽的地热资源为人们带来了好消息。

美国麻省理工学院的一个18人研究小组得出结论：地热电站能够提供的电量，是美国电力需求量的上千倍。地热电站借助地层深处被加热的液体或气体进行发电。研究小组提议，向高温岩床钻探，并建造露天蓄水池将水送入地下加热，用这种方式建造更多的新型地热电站。研究人员估计，大约有1.3×10^{25}焦耳的能量被埋在美国国土之下，其中有1.5%都是可再生能源（如果不考虑利用这些能源的额外花费的话）。在未来的40年内，用10亿美元便可开发超过1,000亿瓦的地热能（相当于美国当前发电量的1/10），这个费用仅相当于兴建一座碳捕集燃煤电厂，或者1/3

地热能

地热能是贮存在地下岩石和流体中的热能。这种热能来自地球深处的高温熔融体以及放射性元素的衰变。地热能有四种类型：一是地热水或地热蒸汽。二是地压地热能。三是干热岩地热能。四是岩浆地热能。地热能的优点是：储量丰富，是比化石燃料洁净的本土能源矿产资源，特别在当今备受关注的全球气候变化和环境污染的严峻形势下，作为可再生能源的地热，更加被人们青睐。

座核电站。不过这一设想也面临挑战：不当开采地热可能引发地震，应该想办法避免类似瑞士巴塞尔的事件再次重演。（2006年12月，瑞士巴塞尔一个地热开采钻井钻至距地表5,000多米的岩石深处，通过灌水加压提取地热时，突然引发里氏3.4级的地震，并在随后的几天内多次发生余震，所幸没有造成房屋倒塌和人员伤亡。）

灌木丛中的绿色黄金

撰文：丽贝卡·伦纳（Rebecca Renner）
翻译：冯志华

INTRODUCTION

生物燃料是未来能源的发展趋势之一，但面临着原料供应短缺，生产效率不高等诸多问题。非洲的麻风树种植基地或许能解决这些难题，将成为能源巨头眼中的下一个生物燃料富矿。

生物质能

生物质能是蕴藏在生物质中的能量，是绿色植物通过叶绿素将太阳能转化为化学能而贮存在生物质内部的能量。通常所说的生物质是指农作物秸秆、林业剩余物、油料植物、能源作物、生活垃圾和其他有机废弃物等。生物质能的优点是燃烧容易，污染少，灰分较低；缺点是热值及热效率低，体积大而不易运输。直接燃烧生物质的热效率仅为10%~30%。

麻风树（Jatropha curcas，也作jatropha）是一种灌木，因种子富含油脂，很可能成为生物燃料的理想来源。

数百年来，生活在坦桑尼亚和马里等地的非洲人一直种植麻风树来做绿篱（密植于路边及各种用地边界处的树丛带）。现在，非洲和印度等热带地区的生物柴油公司正在收购土地种植麻风树，期望能从种子中获取燃料。这些公司认为，比起温带的传统燃料作物，从麻风树中提取燃料，对全球环境和经济而言，取得的收益都会更好。

源自玉米与甘蔗的乙醇，以及源自蓖麻、大豆和棕榈油的生物柴油，都已成为可再生能源的主角。一般说来，生物燃料不会增加大气中二氧化碳的含量，因为生物燃料作物在生长过程中吸收的二氧化碳，和它们燃烧时释放的二氧化碳是等量的。

然而，生物燃料面临的诘难之声依旧不绝于耳。玉米、蓖麻和大豆既是粮食，亦可用于制造生物燃料，但它们价格昂贵，又需要劳动密集生产，一旦用于产油，可能会威胁到粮食供应。

麻风树则不然，它不但具有生物燃料的优点，而且全无粮食作物的缺憾。这种植物适应干热的天气条件，因此不太可能威胁到热带雨林的安危；从麻风树中提取的油料不能食用，人们无须在粮食与燃料间进行艰难的权衡。澳大利亚麦考瑞大学（Macquarie University）战略管理学教授约翰·马修斯（John Mathews）指出，位于热带地区的许多

英国生物柴油公司D1 Oils在赞比亚种植的麻风树幼苗——这只是如火如荼的麻风树种植“运动”的一部分，这种灌木耐干热，可用于提炼生物燃料。

发展中国家，有大量贫瘠的半干旱土地可种植燃料作物，这些国家的劳动力也相对廉价。他认为，用麻风树等植物来提炼生物燃料“是使南半球摆脱贫困，实现工业化的最佳选择”。他还提倡大规模种植此类植物，以帮助印度等扩张中的经济体实现能源独立，并推进非洲欠发达国家的燃料出口。

马修斯的预言可能很快就会成为现实。英国生物柴油公司D1 Oils已经在斯威士兰、赞比亚及南非建立了种植园，还在印度成立了合资企业，进行麻

一些品种优良的麻风树果实含油量可高达40%。

风树的种植，目前总面积已高达15万公顷。D1 Oils公司还打算让种植面积翻番。荷兰生物柴油设备制造商BioKing在塞内加尔的种植业也在热火朝天地进行。中国政府也已制定了宏伟的计划。德国技术转移咨询师、麻风树专家赖因哈德·亨宁（Reinhard Henning）甚至称："目前麻风树油还无法大量出产，因为大家都在争抢麻风树种。"

除了建立种植园外，麻风树的支持者正在着手进行最佳产油品种的鉴别、选择和培育。亨宁发现巴西的麻风树种子含油量达40%——与蓖麻相当，大约是大豆的两倍，后者含油量仅为18%。此外，印度尼西亚还有一种较矮的麻风树，非常易于采摘。

D1 Oils公司的农学主管亨克·朱斯（Henk Joos）解释说，找到适合该植物生长的最佳条件是相当重要的。因为关于麻风树，目前除了诸多传说之外，并无太多实实在在的相关科学信息。"我们已了解这种植物环境适应性很强，而且比较耐旱。但是如果以为，在沙漠中种植这些神奇的植物便可收获黄金"，这就相当危险了，足以威胁到社会和经济的可持续发展。他还指出，麻风树和其他作物一样需要田间管理。D1 Oils的种植园内，在不与粮食作物争夺资源的情况下，农夫们尽可能对麻风树进行田间管理，使用一流的农业技术来剪枝、灌溉、施肥。

但是，荷兰瓦格宁根大学（Wageningen University）的农业专家雷蒙德·容沙普（Raymond Jongschaap）表示，大规模种植麻风树，在功能上类似于运转有序的农场，这就存在与粮食作物争夺水源和土地的问题。容沙普领导的一项研究课题，是在不同类型的麻风树中，找到最适应某种生长环境的树种，令产油量最大化。对一些小规模种植方式，比如树篱围作或与其他植物间作，他抱有充足的信心。这一方式已经在肯尼亚和马达加斯加的数个项目中得到应用。在那里，他们把麻风树和香草并排种植在一起。

亨宁认为，麻风树从小规模种植开始实属明智之举，因为生物燃料的价格尚无法与石油竞争，后者还处于相对较低的水平，所以麻风树种植最好能与当地计划相适应，如改善乡村生计和基础能源服务等。这些小规模项目，已在坦桑尼亚的部分地区建立起了紧密而专业的框架体系。孩子们可在学校中学到关于麻风树的知识。随着燃料价格的上涨，麻风树种植规模的逐渐扩大，朱斯相信，这种野生灌木将会变成一种“可持续发展的商业作物”，并成为未来的一种能源。

传统生物燃料的缺憾

麻风树不会带来传统生物燃料作物所带来的那些负面影响，这使一些能源专家非常兴奋。传统生物燃料虽然被冠以“可再生能源”、“促进能源独立的有效方法”等美名，但它们的种植成本相当高昂，需要密集的农业劳动进行生产，会威胁到粮食供应。例如美国力争实施的乙醇计划就已经导致了玉米价格的上涨。

传统燃料作物的种植也可能会危害环境。欧洲增加了对东南亚棕榈油（生物燃料）的需求，结果却适得其反——环境状况没有改善，反而不断恶化。因为东南亚的农夫为了开辟新的种植园，砍伐了热带雨林，翻出来的富含碳的泥炭土释放了数百万吨的二氧化碳。

用草制造乙醇

撰文：戴维·别洛（David Biello）
翻译：刘旸

INTRODUCTION

最新研究表明，生命力顽强的柳枝稷是优质的能源作物之一。

柳枝稷（switchgrass）似乎是一种制造乙醇的可行原料，而且产能率比玉米更好。一些美国农民与美国农业部合作，种植并观察了这种北美土生土长的多年生植物。在自然条件下，柳枝稷常生长在田间地头。他们特别记录了建立植物种群所需的种子、促进生长所需肥料、耕作消耗的能量，以及种植区总降雨量等指标。这项历时5年的研究表明，在3~9公顷的小块土地上种植柳枝稷草，产量可达每公顷5.2~11.1吨，具体取决于降雨情况。如果在目前正在兴建的生物精炼厂进行加工，产出的能量将比生产付出能量多出540%。相比之下，玉米乙醇最高产能仅比生产消耗多25%。2008年1月7日，《美国国家科学院院刊》在网站上公布了上述成果。

用柳枝稷制造乙醇，产能率比玉米更胜一筹。

柳枝稷

柳枝稷是北美的一种多年生植物。它在平原上生长迅速、易于存活，可分为低地型和高地型两种生态型。柳枝稷生命力极其顽强，在某些地方甚至被认为是有害的野草。柳枝稷可用于提炼乙醇燃料，又有“能源草”的称谓。

“能源草”多指两年或多年生草本植物或半灌木，甜高粱、柳枝稷、芒属作物等高大草本植物。能源草多为耐旱、耐盐碱、耐瘠薄、适应性强的草种，种植和管理简单，在干旱、半干旱地区、低洼易涝和盐碱地区、土壤贫瘠的山区和半山区均可种植。

纤维素乙醇潜力巨大

撰文：史蒂文 · 阿什利（Steven Ashley）
翻译：贾明月

INTRODUCTION

生物燃料的前景被人们所看好，但是在生产过程中却遇到了很多问题。比如，用来生产生物燃料的原料需求量很大，导致食品价格飞涨，甚至有一些农民砍掉了雨林的原生植物，用来种植燃料作物，可谓得不偿失。一些公司希望从木屑和农业废料中得到更环保的乙醇。

就在不久前，还有许多研究人员打赌说，源自生物的可再生燃料将引起能源领域的下一场巨变。把玉米、甘蔗和大豆转换成乙醇等柴油机可用的燃料，能够在减少二氧化碳排放量的同时，减轻各国对石油进口的依赖。不过这一初生的产业已经遇到了挑战。生物燃料的需求量不断上升，不仅导致食品价格飞涨，还让一些农民砍掉了热带雨林的原有植物，用来种植燃料作物。最近一些研究报告称，某些生物燃料的生产过程要么无法得到净能收益，要么释放的二氧化碳会比使用生物燃料节省下来的排放量还要多。

大量资金不断涌入这一领域，希望能够找到避开这些问题的方法。美国马萨诸塞大学阿默斯特分校（University of Massachusetts Amherst）的化学工程师乔治·休伯（George W. Huber）说，许多生物乙醇加工方法的试验原型，并不着眼于农作物的淀粉、糖类和脂肪，而是打起了木质纤维素（lignocellulose）的主意，这种纤维素可以让植物的细胞壁变得更加坚固。尽管分解纤维素不像糖类和淀粉那样容易，需要使用一系列由酶催化的复杂化学反应，但是用纤维素来制造乙醇，可以拓宽生物燃料的原料选择，把农业废料、木屑、柳枝稷等无法食用的植物原料也利用起来。不过，目前还没有一家公司开发出成本划算、适合工业生产的纤维素燃料生产方法。

美国加利福尼亚大学河滨分校的化学工程师查尔斯·怀曼（Charles Wyman）报道说，科学家和工程师正在探索许多可能的生物燃料加工方法。他在马萨诸塞州剑桥市创办了麦斯科玛公司（Mascoma Corporation），目前在纤维素乙醇加工研究领域居领先地位。他指出："这条路上不存在捷径。"对生产方法不断地进行细微调整，需要耗费大量的时间和金钱。休伯提醒说："石油公司认为，一种工业生产方法要完全实现商业化，至少需要10年时间。"他为威斯康星州麦迪逊市的另一家生物燃料公司——绿色能量系统公司（Virent Energy Systems）提供了一些热化学技术。

美国伊利诺伊州沃伦维尔市的Coskata公司正在探索一种颇有前途的生物燃料制造方法，可以避开用来分解纤维素的复杂酶促化学过程。这家公司成立于2006年，引起了投资界和企业界的广泛关注［通用汽车公司（General Motors）最近还收购了该公司的少量股份］。该公司负责工程及技术研发的副总裁理查德·托比（Richard Tobey）介绍说，他们研制的加工方法中，一种传统的气化系统会利用热量，把多种原料转化为合成气（syngas），即一氧化碳和氢气的混合气体。这种处理多种植物材料的加工能力，大大牧草和其他无法食用的生物原料，可能产出更加环保的乙醇燃料。

提高了整套加工方法的灵活性，因为不管当地适宜种植哪一种作物，这种方法都能加工处理出生物燃料。

传统工艺使用热化学方法将合成气转化为燃料。托比说，由于增加了气体压缩的费用，这种方法会使燃料加工成本显著上升。Coskata公司另辟蹊径，选用了生物化学方法。他们的“秘密武器”是5种能够排出乙醇的细菌株，这些厌氧生物会大量消耗合成气来产生乙醇。这些细菌株是俄克拉何马大学的微生物学家拉尔夫·坦纳（Ralph Tanner）几年前在一块沼泽的缺氧沉积物中发现的。

让细菌在其中生存的生物反应器，被托比称为“Coskata加工方法的灵魂”。他解释说：“我们的细菌并不是在一大池发酵的浆糊里寻找食物，而是等我们把气体输送过去。”该公司使用的是像头发一样粗细的塑料制过滤麦管。合成气从麦管中流过，水则被泵到麦管外侧。气体透过选择性渗透膜扩散到管外，为覆盖在外表面上的细菌提供食物，同时保持管内的干燥。托比说：“利用这些麦管，我们完成了非常高效的质量传递，这是不容易做到的。数据显示，在最理想条件下，我们可以把气体中90%的能量转入燃料之中。”细菌食用气

体之后，会将乙醇排入周围的水中。标准的蒸馏或过滤技术，就可以从水中提取出乙醇。

纤维素燃料的研究人员估计，全面商业化后，这种方法制造的乙醇每加仑售价不会超过1美元，比目前生物乙醇每加仑2美元的批发价还要便宜。美国阿贡国家实验室（Argonne National Laboratory）的独立调查人员评估了Coskata方法的能量投入产出比，发现在最理想的条件下，最终产出的燃料中所含的能量，可以达到生产燃料时消耗能量的7.7倍。

这家公司计划在密歇根州米尔福德的通用汽车试车跑道附近，建造一个年产量为4万加仑的试验工厂，还希望在未来能建成一个年产量达1亿加仑的大型工厂。Coskata公司也将迎来一些竞争对手。美国阿肯色州费耶特维尔市的生物工程资源公司（Bioengineering Resources），已经在开发一种类似的三步式加工方法，同样使用细菌来消耗合成气。这些细菌是阿肯色大学退休化学工程师詹姆斯·加迪（James Gaddy）分离出来的。考虑到类似的加工方法所蕴藏的巨大优势，植物纤维素也许能够提供大家都希望看到的、更加环保的乙醇燃料。

去太空采集太阳能

撰文：蒂姆·霍尔尼亚克（Tim Hornyak）
翻译：kingmagic

INTRODUCTION

在地球外层空间采集太阳能并将其传输回地面是一个大胆的想法。尽管耗资巨大，日本科学家仍毅然踏上了空间太阳能阵列的探索之旅。

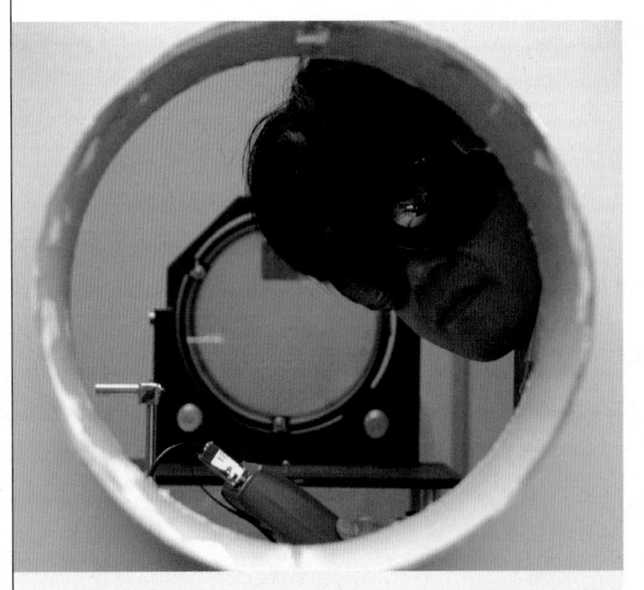

捕捉光线：日本航空研究开发机构的铃木拓明，正在研究如何用激光将太阳能传至地面。图中他正从日本宫城县角田宇宙中心（Kakuda Space Center）的一台激光接收站的开口向外张望。

在经典日本长篇动画《机动战士高达》（*Mobile Suit Gundam*）最近播放的新一部中，化石燃料枯竭，地球因能源短缺陷入全球性动荡，迫使人类转而依赖空间太阳能基站。虽然这个科幻故事的年代被设定在2037年，但日本科学家正在开发空间轨道能量基站必需的硬件设备，以期获得一种可再生的清洁能源。他们计划花20年时间研制出一座原型基站。

长期以来，利用太阳

能电池板从外层空间搜集能量传输回地面的想法，总是因为成本太高和不切实际被一再否决。然而在目前全球能源紧张、环保呼声日渐高涨的大背景下，这个“不切实际”的计划又在日本抬头。2007年，大阪激光技术研究所的研究人员用阳光作为能源，产生了功率高达180瓦特的激光。2008年2月，北海道的科学家开始对一种能量传输系统进行地面测试，这种设备可以用微波的形式将能量从外层空间传回地面。

太阳能激光和微波能量传输这两个研究项目，是一项大胆计划的两大支柱。该计划由隶属于日本航天局的日本航空研究开发机构（JAXA）资助，旨在实现空间太阳能动力系统（SSPS）。确切地说，这家机构的目标是：在2030年以前，将一个太阳能发电基站送入地球静止轨道，它将向地面传输功率为100万千瓦的能量，相当于一座大型核电站的产能率。这些能量将以微波或激光的形式下传，在地面上被接收并转换成电能，然后并入商用电网，或以电解氢的方式存储起来。

JAXA高级任务研究中心的铃木拓明（Hiroaki Suzuki）说：“我们的研究动机很简单，就是为化石燃料耗竭和全球变暖寻求一个可能的解决之道。”大约有180位来自日本各主要研究机构的科学家参与这项计划，铃木拓明就是其中之一。JAXA称该计划的潜在优势非常明显：在外层空间阳光辐射能量比地面要高5~10倍，空间基站效率更高；空间基站可以一天24小时工作，不受天气影响；整个系统还非常清洁，不产生任何废料和污染，而且安全。抵达地球表面的能量强度约为每平方米5千瓦，大约是中纬度地区晴朗夏日正午阳光照

射功率的5倍。尽管科学家称这么大的功率对人体无害，但是接收区还是会选在海上，且周围会设置警戒线。

在日本宫城县的一座研究设施中，铃木拓明和JAXA的研究人员正测试用一束800瓦的光纤激光照射500米外的一个接收站。一面只反射波长为1,064纳米的光波的小镜子，把这束激光导向一块实验太阳能电池板。（铃木拓明选择该波长激光的原因是，这种光更容易穿透地球大气层，能量损失最大不超过10%。）这项任务的关键在于，寻找能有效将阳光转变为激光的物质。含钕和铬的钇铝石榴石（yttrium-aluminum-garnet）陶瓷材料是目前最有希望的候选材料。

基础科学研究只是这项挑战的一部分。测试微波和激光系统都要求具备在外层空间建造超大形结构的能力：薄膜聚光镜、太阳能电池板和一台微波发射器展开后将宽达数千米、重10,000吨。总重5,000吨的100个激光阵列单元将长达10千米。地面的微波天线也将有2千米长。

整个项目所需的资金是一个天文数字，也许将达到数百亿美元，不过铃木拓明及其同事说，他们不考虑成本因素。他说："如果我们不先掌握基本的技术，我们就无法知道这个项目是否行得通。我们的目标是生产稳定、便宜的电能和氢燃料，争取把价格控制为每度电6.5美分。"这样的价格将与今天传统发电站的电价一致，也许会增加该项目的商业吸引力。

考虑到目前的技术手段，只有依靠世界各国航天机构的精诚合作，才有可能将大型装置送入外层空间。不过铃木拓明认为，随着外层空间潜在军事价值日渐增加，参与太空竞赛的国家都试图独立发展自己的空间技术。"如果JAXA、美国航空航天局（NASA）和欧洲空间局能够通力合作当然更好。"所有这些听起来就像是一幕太空歌剧的序曲。

太空能源安全吗？

从空间轨道能量基站的概念第一次被提出以来，几十年间，美国对这一技术的态度几经反复。自20世纪70年代中期原油恐慌之后，美国航空航天局就开始研究空间太阳能基站，但这一项目最终在2001年被搁置。随着能源价格迅速上涨，美国对这种技术重新产生了兴趣。在2007年10月公布的一项可行性研究中，美国国家安全局空间事务办公室敦促美国政府立刻研发空间太阳能动力系统。研究报告称："地球静止轨道上宽仅一公里的环带内每年接收到的太阳能，就相当于目前地球上所有已知的可开采石油储量产能的总和。"

巧妙提升光电池效率

撰文：史蒂文·阿什利（Steven Ashley）
翻译：王栋

INTRODUCTION

太阳能发电是一种新兴的可再生能源。太阳能资源丰富，既可免费使用，又无需运输，对环境无任何污染。太阳能为人类创造了一种新的生活形态，使社会及人类进入一个节约能源减少污染的时代。总有一天，太阳能发电会像燃煤发电一样便宜，科学家正为此而努力。

英国有一句谚语："魔鬼藏在细节中。"用这句话来形容那些虽然微小，却能阻碍一种革命性概念转化为实用技术的瓶颈问题，简直再合适不过了。这句话也常被用来描述那些关键性的技术难题，只有解决了这些难题，才能降低成本，使消费者愿意购买产品。

美国麻省理工学院伊曼纽尔·萨克斯（Emanuel Sachs）的整个职业生涯，都在和这样的"小魔鬼"斗争，以发明一种低成本、高效率的太阳能电池。在最近的研究中，萨克斯发现了一种提高效率的方法，能在不增加成本的前提下，提高普通光电池利用阳光产生的电量。确切地说，他把多晶硅光电池的光电转换效率从通常的15.5%提高到了20%——与价格昂贵的单晶硅光电池效率相当。仅这一项改进，就能使太阳能发电的成本从目前的每瓦特1.90美元~2.10美元，下降到每瓦特1.65美元。如果再配合其他新技术，萨克斯预计能在4年内发明一种太阳能电池，让发电成本进一步降

太阳能电池板，例如这些位于粮仓顶部的电池板，将会变得更加常见。巧妙的设计使得最常见的光电池——多晶硅光电池也能与传统能源展开价格大战。

至每瓦特1美元。这将是一项伟大的成就，可以让太阳能发电具备与普通燃煤发电相竞争的实力。

大多数光电池，比如安装在居民屋顶的太阳能电池板，都利用硅把阳光转化为电流。金属导线再将电流从硅中导出，用于驱动电器或并入电网。

德国光子咨询公司（Photon Consulting）常务董事迈克尔·罗戈尔（Michael Rogol）说，自从30年前光电池成为实用和负担得起的产品以来，大部分工程师都喜欢使用单晶硅作为活性物质。通常，制造光电池晶片的原料是从一大块单晶坯料上切割而来的，而这种大块单晶又是像太妃糖一样，是从装有熔融硅的大桶里拉制出来的。罗戈尔介绍说，最初制作光电池晶片的高纯度单晶坯料还是集成电路行业没有用完的剩料，后来这种坯料就主要用来制造光电池了。虽然单晶硅光电池的转化效率较高，但它们的制造成本也很高。作为替代品的多晶硅光电池，是用由许多小晶体构成的低纯度铸锭制成的，制造成本较低。然而不幸的是，它的光电转化效率也比单晶硅光电池低。

虽然已经发明了一些新方法，能够制造出更便宜、效率更高的硅光电池，但萨克斯仍不满足，最近他又将注意力转移到了多晶硅电池的制造细节上。第一项小改进涉及“从硅晶体表面收集电流的微细银导线”，他解释说。在传统制作工艺中，电池制造商采用了丝网印刷技术（screen-printing technique）和含有银颗粒的墨水来印制这些导线。（萨克斯解释说，丝网印刷技术“类似于印制T恤衫，只是精度更高”。）问题在于，这种方法印制的标准银导线又宽又薄，大约120微米宽，10微米厚，还含有许多不导电的空穴。结果它们不仅遮挡了大量阳光，而且无法承载需要它们承载的电流。

最近，萨克斯在马萨诸塞州列克星敦市成立了“1366科技公司”（1366代表阳光照射在地球外层大气上的能流量：每平方米1,366瓦特），在那里采用专利技术——湿版洗印制作更窄更厚的导线。这些导线的宽和厚均为20微米。更细的导线耗银更少，因此成本更低。自由电子在硅晶体中跑不了多远，而更

细的导线排列更密，因此能从周围的硅晶体中引出更多电流。同时，与标准工艺印制的导线相比，它们遮挡的阳光也更少。

第二项革新改进了从银导线上采集电流，并与相邻光电池连接的互连导线。这些又宽又平的互连导线位于电池片表面，能够遮挡多达5%的电池表面积。萨克斯解释说："我们将一些具有特殊结构的镜面放在这些压制而成的导线表面。当入射光线低于30度时，这些小镜子就会反射这些光线。因此，当反射光线击中玻璃顶层时，它们会发生全内反射，从而被困在硅晶片中。"（潜水的人从水下向上看水面时，经常会见到这种光学现象。）光在硅片中停留的时间越长，它们被吸收并转化成电能的机会就越大。

萨克斯预计，新的防反射涂层将使多晶硅光电池的效率更上一层楼。他的公司还有另外一个目标：将昂贵的银导线换成相对便宜的铜导线。他对如何实现这个目标已经有了一些新想法："铜与银不同，会损害硅光电池的性能。所以关键在于，找到一种成本低廉的防扩散元件，来阻止铜和硅的直接接触。"

看来在这个行业里，总会有一些"小魔鬼"挡在前进道路上，而萨克斯与它们的斗争还将继续下去。

叶绿素发电

撰文：迈克尔·莫耶（Michael Moyer）
翻译：王栎

INTRODUCTION

光合作用是植物、藻类和某些细菌，在可见光的照射下，经过光反应和暗反应，利用光合色素，将二氧化碳（或硫化氢）和水转化为有机物，并释放出氧气（或氢气）的生化过程。近年来，光合作用量子层面的细节研究成为一个重要的方向，它能够帮助人们制造更好的光电池。

大自然的天然光电池——植物，能通过光合作用将阳光转化为能量。如今，有关光合作用如何利用量子系统奇异行为的一些新细节逐渐显露出来，或许能够带来捕捉可利用阳光的全新技术。

所有进行光合作用的有机体，都利用它们细胞内的一种蛋白质“天线”来捕捉入射光，将光转化为能量，并导入反应中心——关键的触发分子，释放电子让化学反应得以进行。这些“天线”必须保持一种微妙的平衡：它们必须拥有足够的尺寸来尽可能多地吸收阳光，又不能生长得过大，以至于损害自身向反应中心输送能量的能力。

这里就是量子力学起作用的地方。量

子系统中可以存在叠加态，即许多不同的态同时叠加，或者说混合在一起。此外，这些态能够互相干涉——在某些地方相干增强，在另一些地方又相互抵消。如果进入“天线”中的能量能被精确分解为一些叠加态，并且与自身相干增强，能量就有可能以接近100%的效率被传输至反应中心。

美国加利福尼亚大学伯克利分校的化学家莫汉·萨罗瓦尔（Mohan Sarovar）最近进行的一项研究表明，在某种能进行光合作用的绿色细菌中，一些“天线”确实做到了这一点。此外，附近的天线还会分离天线间的入射能量，这样不仅产生出了混合态，而且这些混合态还发生了（量子意义上的）“远距离”纠缠。加拿大多伦多大学的化学家格雷戈里·斯科尔斯（Gregory Scholes）在一项即将发表的研究中证明，一种海藻也有类似的本领。有趣的是，虽然在室温下，而且存在于复杂的生物系统中，这些量子纠缠态却相当“长寿”。相反，在物理实验室里进行的量子实验中，哪怕最微小的干扰也会破坏量子叠加（或叠加态）。

这些研究首次得到了生物有机体利用奇异量子特性的证据。研究人员说，通过对微生物学和量子信息学这一交叉领域的研究，将来也许能制造出“生物量子”太阳能电池，它的效率会比目前的光伏器件更高。

细菌炼油厂

撰文：戴维 · 别洛（David Biello）
翻译：贾明月

INTRODUCTION

科学家对大肠杆菌的基因进行了改造，使之能够消化纤维素，生产出生物柴油。大肠杆菌成为了名副其实的“炼油厂”。

经常导致食物中毒的头号元凶，有一天或许会成为运输用燃料的一个重要来源。科学家使用合成生物学（synthetic biology）工具改造了大肠杆菌（Escherichia coli，一种常见的肠道细菌）的基因，使它能够消化植物，生产柴油和其他碳氢化合物。

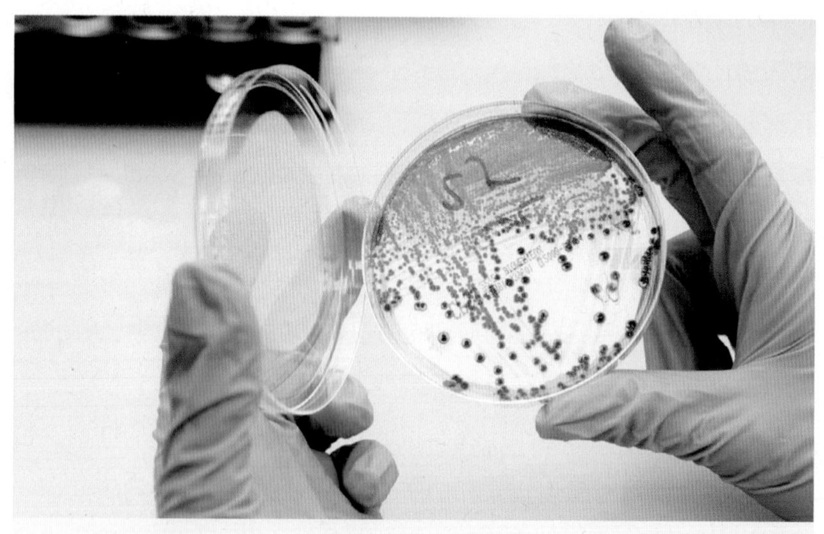

细菌产油：大肠杆菌经过基因改造之后可以将植物纤维素分解为糖，再把糖转化成发动机可以直接使用的生物柴油。

美国加利福尼亚大学伯克利分校的化学工程师杰伊·基斯林（Jay Keasling）说，大肠杆菌之所以受到遗传工程的青睐，是因为它被研究得非常透彻，忍受遗传改变的能力也很强。科学家已经对大肠杆菌进行了改造，使它们能够生产药品和化学品。现在，基斯林和他的同事已经把这种生物改造成了生物柴油提炼厂。

这些科学家先对大肠杆菌进行遗传修饰，使它们能够消化糖类，分泌出发动机可以直接使用的生物柴油。这种柴油会自动漂浮到发酵池顶部——不像用水藻生产生物柴油那样，还需要蒸馏、提纯或弄碎细胞才能提取出油。

为了最大限度地减小生物燃料对食物供应造成的冲击，这些研究者又从其他能够分解纤维素（cellulose）的细菌种群中找出了一些基因。（纤维素是构成植物大部分主干的强韧材料，不过人类无法消化它们。）这个研究团队在这些酶基因中加入了一些额外的遗传编码，指导改造后的大肠杆菌细胞分泌这些酶。接下来，分泌出来的酶将植物纤维分解并转化为糖，供改造后的大肠杆菌消化，最终生产出柴油。

2010年1月28日的《自然》杂志介绍了这一生产过程，它非常适合于生产碳原子数量不低于12的碳氢化合物——除了柴油之外，还包括航空煤油（jet fuel）。不过，它目前还无法生产汽油之类的短链碳氢化合物，这也是基斯林正打算攻克的一道难关。毕竟，美国一年烧掉的汽油多达5,300亿升，而柴油仅有大约1,700亿升（生物柴油仅占75亿升）。

把大肠杆菌改造成炼油厂，打这个主意的并非只有基斯林一人，有几家公司也正在积极推进这种微生物炼油的商业化。美国哈佛医学院的遗传学家兼技术开发人员乔

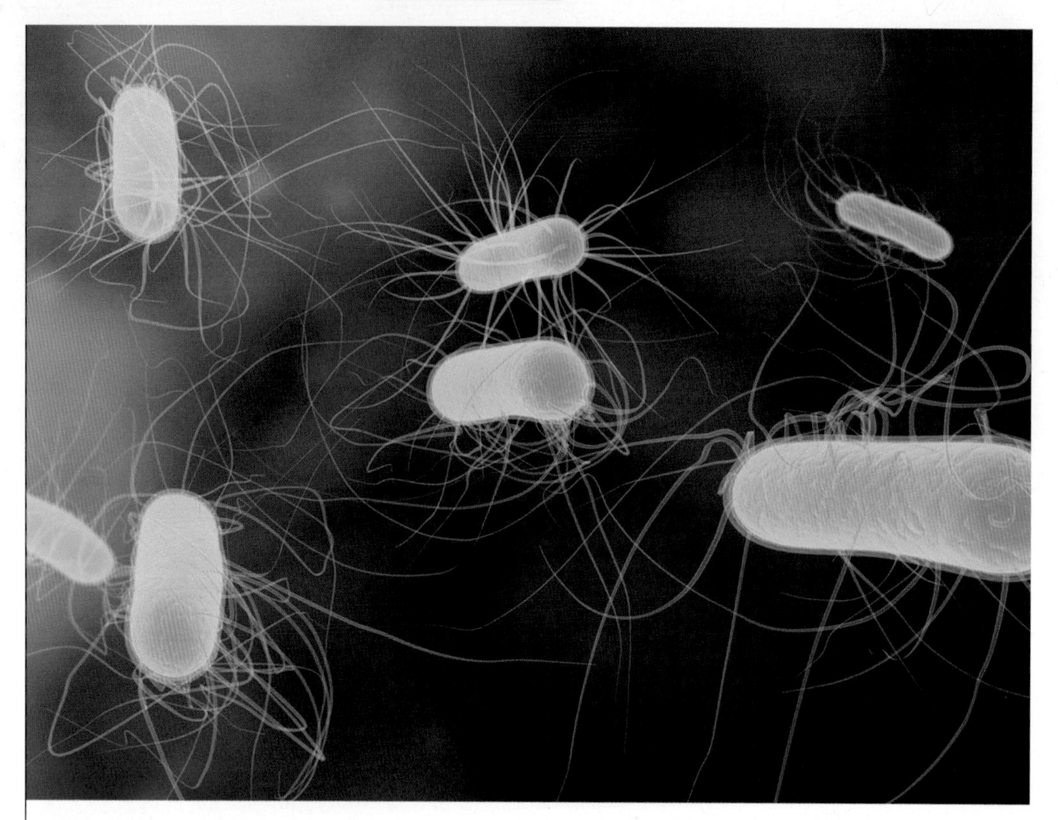

治·丘奇（George Church）解释说，这是因为大肠杆菌“生长迅速，比酵母快了3倍，更是比大多数农用微生物快了100倍”。

当然，基斯林的大肠杆菌要想提高产油效率，还有许多工作要做。基斯林指出：“我们现在生产的燃料只占糖理论最大产能量的10%。想实现商业化，我们就要把这一数字提高到80%~90%。此外，我们还需要设计出大规模量产的工序。”在创造这种新生物的过程中，他们还会移除关键的代谢通路，让它们无法在自然界存活。

困难不小，但前景光明。基斯林已经进行过估算，如果以一种常见的亚洲高草为原料，即使是在过去，也只需要用4,050万公顷的土地来种植这些草（约占美国耕地总面积的1/4），就可以生产足够满足美国全国交通运输需求的燃油。

让风力稳定供电

撰文：戴维·别洛（David Biello）
翻译：王栋

INTRODUCTION

利用风力发电有一个不可回避的问题，即如何获得稳定持续的电能？科学家们正在为此而努力。

利用风力发电有一个困难——无法保证始终有风，而电力中断则是用户通常无法容忍的。但是，也许有一种方法能保证风电的稳定供应。其中的关键是海风，还有许多电线。

根据从美国东海岸的缅因州、佛罗里达州等11个监测点发来的风力数据，美国特拉华大学无碳能源整合中心负责人威尔莱特·肯普顿（Willett Kempton）和同事分析了风力的分布模式。他们发现，把设想中的、分布在2,500千米东海岸沿线的近海风力发电涡轮机用电缆连接在一起，就能保证稳定的电力供应。实际上，根据他们的模型，没风发电的情况根本不会发生——

肯普顿先前的一项研究表明，仅靠近海的风能，就能满足美国沿海各州的电力需求。

当然，美国现在还没有一台近海风力涡轮发电机，因此这一研究还处于理论设想阶段。按照现有规划，总装机容量约为20亿瓦特的近海风力涡轮发电机将会出现在美国东海岸，它们将以独立运行为主。此外，人们铺设过的最长高压直流电缆也只有580千米。这些研究人员估计，在他们的计划中，电缆将花费14亿美元，占设想中11个近海风力发电厂总预算的15%。他们的分析报告发表在2010年4月5日的《美国国家科学院院刊》上。

风能

空气流具有的动能称风能。空气流速越高，它的动能越大。用风车可以把风的动能转化为有用的机械能；而用风力发动机可以把风的动能转化为有用的电力，方法是透过传动轴，将转子（由以空气动力推动的扇叶组成）的旋转动力传送至发电机。风能为洁净的可再生能量，风能设施日趋进步，生产成本降低，在适当地点，风力发电成本已低于发电机。风能的缺点包括，风速不稳定，产生的能量大小不稳定，受地理位置限制严重以及风能的转换效率偏低等。但是随着技术的进步，风能还有很大的发展空间。

植物：未来能源工厂

撰文：戴维·别洛（David Biello）
翻译：高瑞雪

INTRODUCTION

科学家在设法改造植物，让它们自己生产生物燃料，从而解决人类的能源问题。

多年来，研究人员一直试图找出用植物生产生物燃料的最佳途径，但他们面临一个根本性问题：光合作用，即植物把阳光转换为化学能存储起来的过程，是非常低效的。植物仅能把1%~3%的太阳能转化成碳水化合物，这就是人们必须占用大量土地，用来种植玉米，生产乙醇的原因。说实话，这种生产生物燃料的方式确实不怎么样。不过，植物也有许多优点：它们能直接吸收大气中的低浓度二氧化碳；每个植物细胞受损时都可以自我修复。科学家开始进行新的尝试，提高光合作用的效率，制造出更环保的燃料。美国高级研究计划局能源项目组（ARPA-E）迄今已经资助了10个这样的项目，其中大部分是利用基因工程调节植物的生长、天然色素的合成等。最大的一个项目是由佛罗里达大学接手的，研究经费超过600万美元，目标是改造松树，使之产生更多的松脂——一种潜在的燃料。加利福尼亚州戴维斯市的阿卡迪亚生物技术公司（Arcadia Biosciences）在开展另一个项目：诱导柳枝稷（switchgrass）等生长速度较快的草本植物产生植物油，这种尝试尚属首次。

未来，科学家可能会培育一些黑色植物，能够吸收所有入射光，或是制造一种植物，它们能在光合作用的不同步骤，利用不同波长的光，而不是像现在这样一直使用同一波长的光。经过改造的、用于生产生物燃料的植物甚至会有更小的叶片，这样就能减少它们自身的能源消耗，或者这些植物不会把能量以糖的形式储存起来，而是直接把能量转化为烃类分子，供人类利用。

参与这类研究的科学家有一个绰号——“佩特罗”（PETRO，plants engineered to replace oil的首字母简写，意为改造植物，代替石油），他们将不得不面对的挑战是，用于农业灌溉的水资源越来越少，公众对基因改造过的生物体也不放心。另外，光合作用替代计划还面临其他方面的竞争，比如ARPA-E自己的电燃料（electrofuel）计划，该计划旨在诱导微生物产生烃，或者研制人造树叶，用太阳能电池把水分解成氢和氧，得到气体燃料。对于植物来说，仅仅是绿色，已经不够了。

空中发电站

撰文：亚当 · 皮奥里（Adam Piore）
翻译：王栋

INTRODUCTION

将发电站建在云层之上？这并非异想天开，波音公司的工程师已经为这个构想申请了专利，或许未来我们就能用来自云层之上的电能洗上一个热水澡了。

身为美国西雅图市的老住户，供职于波音公司的工程师布莱恩 · 蒂洛森（Brian J. Tillotson）经常仰望天空中密布的乌云而思索：在这个日照稀少的城市里，人们怎样才能有利用太阳能的希望呢？而太阳能的利用，正是波音公司的子公司Spectrolab的主要业务方向。三年多前，他终于得到了答案：为什么不把发电站送到云层上面呢？

这个构想已经申请了专利，而且即使在日照最充足的地区也很适用，因为即使不考虑雾气和云层的阻挡，也有20% ~ 30%的能量在低层大气中损失掉了。在技术上，这对于Spectrolab公司是个挑战。该公司生产的高效率太阳能电池利用反射器，将阳光强度增强400 ~ 800倍。由于这种电池主要用于人造卫星，而卫星的运行轨道远高于大气层，因此不存在阳光能量被低层大气损耗的问题。但在2008年，蒂洛森开始探索一种途径，以便用这类电池为驻扎在阿富汗偏远地区的美军提供电能。在那些地方，运输费用高昂，要将发电机所用的柴油送到目的地，每加仑的运费就高达700美元。

蒂洛森意识到，一座飘浮在空中的发电站能解决这个问题，用同样的方法也能将太阳能输送给西雅图市区。“你只需要将它送到数千英尺的高空，就能得到源源不断的电能，”在蒂洛森的构想中，安装着太阳能电池的飞艇飘浮在高空，垂下数千英尺长的轻质导线与地面基站相连。美国陆军已经在测试一种“战场监控”飞艇了，它通过与地面连接的电缆来供电。波音公司的构想与此类似，只不过电力是向下输送。

波音公司还未制造出原型设备，因为该公司的工程师还在等待一些低成本技术的出现，蒂洛森表示。目前，这种飞艇需要大量的维护工作——每星期必须充一次氦气，还要定期维修外壳。他说：“在实际应用上，飞艇的使用并不是想象的那么简单，至少陆军使用的那些是这样。”随着时间的推移，更优良的密封剂和建造材料会使飞艇的外壳更耐用，降低维护成本，这将会提升它们的经济适用性。

利用病毒发电

撰文：卡丽·阿诺德（Carrie Arnold）
翻译：阳曦

当你外出的时候，还在为你的手机可能没电而烦恼吗？或许有一天，我们拿出一块病毒膜贴贴在手机上，就能为手机供电，人们再也不会为手机没电而烦恼了。

在寻找环保能源的过程中，科学家们关注的可以提供能量的生物体型越来越小：先是玉米，然后是水藻，现在轮到细菌了。美国加利福尼亚大学伯克利分校的科学家走得更远，他们找到了利用M13噬菌体（一种侵染细菌的病毒）发电的方法。虽然病毒产生的能量很小，不过有朝一日，它也许会帮我们用上可以边走路边充电的手机。

这种设备的核心原理是压电效应，可以将指压之类的动作产生的机械能转化为电能。大多数手机话筒都是压电式的，将声波的能量转化为电信号传播出去，被叫手机再将电信号转回声音。加利福尼亚大学伯克利分校的生物工程师李承旭（Seung-Wuk Lee）说，这些压电设备的问题在于它们都采用铅、镉一类的重金属材料。很多生物分子如蛋白质和核酸也具有压电性——受压时它们会产生电力，而且它们没有传统设备的毒性。

李承旭和同事发现，铅笔形状的M13噬菌体满足全部要求。这种病毒只感染细菌，所以对人类是安全的。而且它

造价低廉，获取容易：一瓶受感染细菌中就能提取出数百万M13噬菌体。形状也很重要，M13很容易自己组合起来，形成薄片。为了提高M13的发电性能，李承旭的研究组加入了4个带负电的谷氨酸盐分子，改变了M13蛋白质外壳的氨基酸含量。研究者们将病毒形成的薄片一层层叠起来，增强压电效应。

科学家将1平方厘米的病毒膜贴到一对金电极上，并在其中一个电极上按压，病毒膜产生的电能点亮了液晶屏，显示出数字1。李承旭说，虽然产出的电量还很小——只有400毫伏，大约相当于一节AAA电池的四分之一——但这一结果表明，生物材料的压电效应可以被人类利用。

物超所值的新电池

撰文：戴维·别洛（David Biello）
翻译：阳曦

INTRODUCTION

一种更灵活、电量更足、可能整体更省钱的新型车用电池已经被研发出来，虽然这项技术还不太成熟，但新的事物总不是一帆风顺的。也许未来的某一天，汽车世界会告别燃油，进入电动时代。

一种新的锂离子技术可能会让电池更便宜，电量更足，电动汽车可能就此走下神坛，进入千家万户。美国马萨诸塞州沃尔瑟姆市的A123系统公司推出了一种电池，电量增加20%，工作温度为－30℃至60℃，而且制造工艺可能并不比现在的电池更难。

参与评审的独立科学家表示，新电池给他们留下了深刻的印象。根据A123公司透露的少量细节，这种名为“纳米磷酸盐EXT”的新电池似乎和该公司其他电池一样，采用磷酸铁锂电

混合动力汽车

广义上说，混合动力汽车是指拥有至少两种动力源，使用其中一种或多种动力源提供部分或者全部动力的车辆。但是，在目前实际生活中，混合动力汽车多半采用传统的内燃机和电动机作为动力源，通过混合使用热能和电动力两套系统开动汽车。内燃机既有柴油机又有汽油机，因此可以使用传统汽油或者柴油，也有的发动机经过改造使用其他替代燃料，例如压缩天然气、丙烷和乙醇燃料等。电动力系统中包括高效的电动机、发电机和蓄电池。蓄电池目前使用的有铅酸电池、镍锰氢电池和锂电池，将来应该还能使用氢燃料电池。

极，不过性能更好。A123公司的电池产品无所不在，从电子产品到混合动力公共汽车，到处都有它们的踪迹。

新电池电量更足，适用温度范围更广，表明A123公司的科学家改进了电池系统中电子与离子交互的方式。这意味着以下三个方面中至少有一个——或者是全部——有了细微的改进：电解质（电池中携带离子的部分）、电解质与电极的接触面（聚集电荷的面），以及电极本身。制造工艺方面可能也有所改进。虽然A123公司并未透露新电池具体有哪些改进，不过该公司手中握有的新电极、电解质材料与电池结构方面的专利，都与此有关。“如果是真的，这可是个大突破，”美国阿贡国家实验室储能计划负责人杰弗里·张伯伦（Jeffrey Chamberlain）说。他并未参加A123公司的研究。

新电池可能不会马上用于纯电动汽车，而是先从微型混合动力车开始，因为它可能比现在的铅酸电池更耐用。A123公司的电池比铅酸电池贵一点（每块电池大约贵250美元），不过重量只有后者的一半，而体积只有后者的30%。

不过，首先得看A123公司能不能活下来。据报道，经过2011年那场重大的电池召回事件，该公司损失惨重。希望新电池能给他们带来新开始。

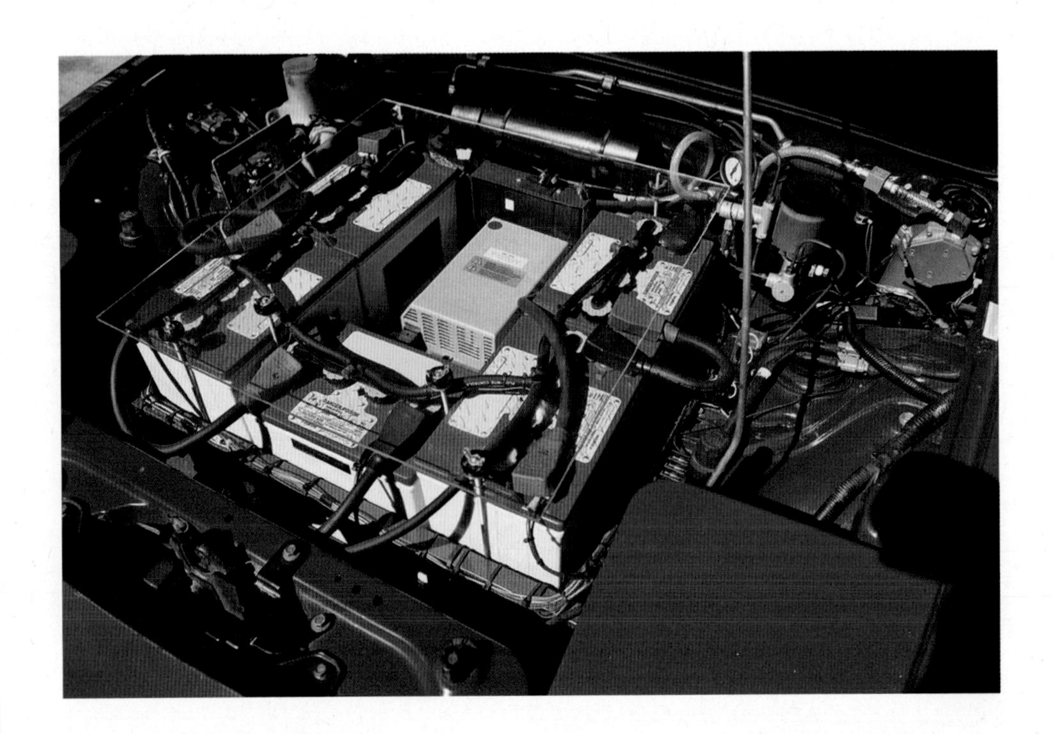

话题八

能源安全关系生命

2011年日本大地震令日本福岛第一核电站严重损毁，大量放射性物质泄漏到外部。人们重新记起了苏联切尔诺贝利核事故的恐怖，以及美国三里岛核事故之后向加拿大购买电力以维持当地居民供电的耻辱。一时间，世界各国纷纷暂停本国的核电项目，重新审视能源安全的问题。核是一把双刃剑，它能以极高的效率为社会运转供能，同时也存在极大的风险，我们必须将它牢牢控制在反应堆里。

最新的核电站安全吗

撰文：戴维·别洛（David Biello）
翻译：郭凯声

INTRODUCTION

核电站的安全问题一直是人们所关心的，但想要规避所有风险显然是不可能的，安全永远是一门平衡的艺术。人们想要获得所需的能源，也必须为此承担必要的风险。

美国近30 年来兴建的首座新型核反应堆眼下在佐治亚州奥古斯塔市郊外悄然现身，承建方南方电力公司（Southern Company）已把工地现场的红土层开挖到基岩，作为一座新式的AP-1000 型核反应堆的地基。这种新一代反应堆拥有非能动安全装置（passive safety features），即使在供电中断的情况下仍可继续发挥作用。南方电力公司计划建造两座这种AP-1000 反应堆，而其他的电力公司则打算兴建12 座AP-1000 反应堆以及6 座采用不同设计方案的新式反应堆，但所有反应堆均将配备非能动安全装置。

兴建于上世纪70 年代的日本福岛第一核电站缺乏在断电时无需人工干预也能继续运作的安全功能。2011年3 月的大地震掐断了该电站与外部电网的连接线路，随后直扑而来的海啸冲毁了备用发电机和电力设备，结果导致冷却系统瘫痪，反应堆堆芯温度随之飙升。反观AP-1000则是在每座反应堆的堆芯上方安装了一个巨大的水箱。一旦出现堆芯可能熔毁的情况时，积聚起来的高热将打开安全阀，让水流进反应堆中。AP-1000 反应堆还采用了一种敞开式设计，在紧急关头可以借助气流来冷却反应堆。与传统设计方案不同的是，AP-1000 反应堆中，把反应堆的混凝土－钢结构主外壳围住的外侧混凝土厂房在靠近屋顶的地方留出了若干通风口。这样，一旦出现堆芯熔毁的情况，空气就可以通过自然对流涌入。

对这种反应堆设计不以为然的人士声称，对流也会使放射性微粒通过沿屋顶轮廓线设置的通气口扩散出去。工程师们则回应说，要想控制所有危险因素是不可能的；他们能做到的最好结果，就是在安全与成本之间取得还算满意的平衡。“对于地震，你能采取的措施会受到一些限制，”麻省理工学院的核工程师迈克尔·戈利（Michael Golay）说，“就看你愿意承受哪种风险了。”

核电站

核电站又称核电厂，它指用铀、钚等做核燃料，将它在裂变反应中产生的能量转变为电能的发电厂。核电厂主要以反应堆的种类相区别，有压水堆核电厂、沸水堆核电厂、重水堆核电厂、石墨水冷堆核电厂、石墨气冷堆核电厂、高温气冷堆核电厂和快中子增殖堆核电厂等。核电厂由核岛（主要是核蒸汽供应系统）、常规岛（主要是汽轮发动机组）和电厂配套设施三大部分组成。核燃料在反应堆内产生的裂变能，主要以热能的形式出现。它经过冷却剂的载带和转换，最终用蒸汽或气体驱动涡轮发电机组发电。核电厂所有带强放射性的关键设备都安装在反应堆安全壳厂房内，以便在失水事故或其他严重事故下限制放射性物质外溢。为了保证堆芯核燃料在任何情况下得到冷却而免于烧毁熔化，核电厂设置有多项安全系统。

封死反应堆

撰文：蔡宙（Charles Q. Choi）
翻译：郭凯声

INTRODUCTION

切尔诺贝利事故发生25年之后，人们准备用一个世界上最大的可移动结构把已经失效的反应堆永久封闭起来。

试着想象一座比自由女神像（连底座共约93 米）还高的金属拱结构吧。再想象它沿着地面滑动约3 个足球场那么远的情景——这足以使它成为至今建造的全球最大可移动结构了。工程师现今正筹划把乌克兰切尔诺贝利核电站发生的史上最严重

切尔诺贝利事故

切尔诺贝利核电站是苏联时期在乌克兰境内修建的第一座核电站。曾被认为是世界上最安全、最可靠的核电站。但1986年4月26日，核电站的第4号核反应堆在进行半烘烤实验中突然发生失火，引起爆炸。爆炸使机组被完全损坏，8吨多强辐射物质泄露，尘埃随风飘散，致使俄罗斯、白俄罗斯和乌克兰许多地区遭到核辐射的污染，被称为切尔诺贝利事故。

该事故被认为是历史上最严重的核电厂事故，也是国际核事件分级表（International Nuclear Event Scale）中第一个被评为第七级事件的事故。因为功率的剧增导致反应堆被破坏，令大量的放射性物质被释放到环境中。最初发生的蒸汽爆炸导致两人死亡，而事故中绝大部分受害者的死因都归咎于放射线。

核灾难的遗址埋葬在这条钢铁彩虹下面，并通过机器人技术拆除清理废墟，把反应堆残骸永久封闭起来。

切尔诺贝利核电站四号反应堆于1986 年4 月26 日发生爆炸，导致放射性尘埃四处飘浮，连日本和美国那样远的国家都未能幸免。此后前苏联匆忙打造了一个用钢材与混凝土搭建的结构（通称“石棺”）把反应堆封盖起来，以阻止放射性外泄。“这的确是一项非凡的工程，但经历了25 年后，它目前有倒塌的危险，”美国巴特尔纪念研究所（Battelle Memorial Institute）的土木工程与环境工程师埃里克·舒米耶曼（Eric Schmieman）于2011年宣称。

为了尽量减轻工人可能遭受的核辐射，此结构是以最快的速度匆忙赶造出来的，本来就没有打算让它永远挺下去。舒米耶曼指出，这个建筑设计得“犹如纸牌搭建的房子”，所有金属构件都是彼此靠在一起，用钩连接起来。“既无焊接接头，也无螺栓接头。一次不太大的地震，就足以把它震垮，成为一堆废铁”。

法国建筑公司Novarka 正在研究一种名为“新型安全壳”（New Safe Confinement，NSC）的替代方案，舒米耶曼也参与了设计工作。由于切尔诺贝利的反应堆仍具有放射性，工人的安全便是设计师在设计NSC 时必须考虑的大问题。这个拱结构将不会在石棺上面建造，而是在石棺附近用预制部件组装起来。然后工人将用液压千斤顶来移动这个拱结构，使它沿着特氟隆（Teflon）制成的轴承滑行约300 米，直至把石棺盖住。一旦反应堆被封好，工程师就将遥控操作NSC 内的两台机器人吊车来拆除石棺和反应堆，并清理所有残留的放射性灰尘。

NSC 项目的费用约为21 亿美元，资金由29 个国家提供。Novarka 公司的目标是在2014 年夏完成NSC 的建造，预计寿命至少为100 年。

福岛核电站的归宿

撰文：戴维·别洛（David Biello）
翻译：Jeremy

2011年日本大地震令日本福岛第一核电站遭受重创，这座核电站未来的命运如何？是将继续运转，还是成为一座永被封存的核遗址？

切尔诺贝利核事故的25年后，事故遗址仍须用数吨重的混凝土“石棺”，将潜藏在地下室的放射性熔融核燃料封死，以免工作人员和游客受到核辐射。形成鲜明对比的是，美国三里岛核事故发生30多年后，紧挨着熔毁反应堆的另一座反应堆仍在正常运转，核电站周围甚至满是民居。

这两个截然不同的场景——继续运转和废弃封存，为新近加入“核事故俱乐部”的成员——福岛第一核电站提供了两种归宿。日本这座核电站的6座反应堆中，至少有3座都已部分熔融，具有同样遭遇的还有两个用于贮存核废料的燃料池（共有7个）。“既然你修建了几座反应堆，而且很密集，那你就应该准备两三种方法来关闭它们，”库尔特·科勒（Kurt Kehler）说。他是美国西图（CH2M HILL）工程公司分管关闭和拆毁业务的副总裁。

福岛第一核电站的命运，最终将取决于核燃料的熔毁程度、电站及附近地区所受污染有多严重，以及日本政府愿意花多少钱来收拾这个烂摊子。运营这家核电站的东京电力公司估计，至少有

一座反应堆的核燃料已经完全熔毁。如果真是这样，核燃料棒也许已经熔化成了“核燃料潭”，那就同切尔诺贝利核电站的情况类似，必须建造一个大型的钢结构容器，将这些核燃料密封在里面。此外，放射性污染已经大面积扩散，波及范围的半径达到30千米，甚至更远的一些城镇都受到污染。例如福岛县的饭馆村（Iitate），它所受污染的程度已经严重到要么废弃，要么就得将所有土壤都更换成新土的程度。在污染程度与此相似的城镇中，大概有80,000名居民不得不疏散。

日本政府已经决定拆毁这座核电站。东京电力公司希望，如果可能的话，能够重新启动未受损坏的反应堆。不幸的是，这个愿望无法实现：如果核燃料真的已熔成“潭”的话，辐射水平就可能太高，工人无法靠近来完成拆除作业，必须像切尔诺贝利核电站一样被永久封存。与那些再未能回到禁区内的乌克兰和白俄罗斯人民一样，福岛第一核电站附近城镇的居民可能再也不能回到自己的家乡，当地的农民和渔民也无法重操本行。总之，在日后多年里，福岛核电站周围地区可能都会是禁区，最后成为“核事故公园”名单上的一个新成员——同时也是核能风险的又一个警示。

埋葬“来自地狱的元素”

撰文：戴维·别洛（David Biello）
翻译：薄锦

钚，是核工业的重要原料之一。对待这种“来自地狱的元素”，科学家认为应当对其进行掩埋，并且要十分谨慎。

地球上绝大多数的放射性钚均为人工合成——计约500吨，足够制成10万枚核武器。其中有不少是美国与苏联当年开展核军备竞赛时遗留下来的。此外核能发展产生的核废料也与日俱增。

近日一些科学家主张，将钚埋入地下是解决这批有安全隐患问题库存的唯一合理方案。2012年5月份的《自然》（*Nature*）杂志中刊登了一群物理学家和环境学家的看法，他们建议，由英国牵头研究如何利用陶瓷芯块对这一“来自地狱的元素”进行固化，并埋于深坑深井内。

钚元素

钚是一种放射性元素，是原子能工业的重要原料，可作为核燃料和核武器的裂变剂。投于长崎市的原子弹就使用了钚制作内核部分。钚的半衰期为24万5000年。它属于锕系金属，外表呈银白色，接触空气后容易锈蚀、氧化，在表面生成无光泽的二氧化钚。钚有六种同位素和四种氧化态，易和碳、卤素、氮、硅起化学反应。钚暴露在潮湿的空气中时会产生氧化物和氢化物，其体积最大可膨胀70%，屑状的钚能自燃。钚也是一种放射性毒物，会于骨髓中富集。因此，操作、处理钚元素具有一定的危险性。

放射性：用钠作冷却剂的快中子反应堆核心

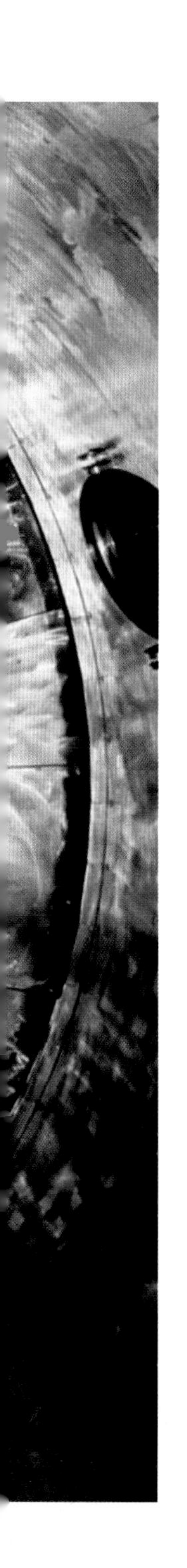

迄今为止，各国一直在寻求其他处理方法。英国似乎有意效仿法日两国，用钚制造一种由氧化铀和氧化钚混合而成、俗称“混合氧化物”（mixedoxide）亦即MOX的核燃料。美国也采用了这一方法：耗资130亿美元，在南卡罗来纳州的制造设施内，将国内所有的34吨钚制成MOX燃料，尽管此种燃料较之传统燃料更加昂贵，使用起来也不方便。

日本、法国、俄罗斯和美国还将钚作为燃料，用在靠中子诱发裂变的“快中子反应堆”中。问题在于，这种高速反应堆要用高度易燃的液态金属钠替代水来做冷却剂。而且这种反应堆中仍有放射性物质留存，要解决的问题不过被延后了而已。

那么，这些国家为何不选择更为经济的方案，对钚进行固化处理，然后深埋于地下？这或许是因为，选择掩埋地点会引发政治问题。上世纪80年代美国内华达州的尤卡山（Yucca Mountain）被划定为放射性残渣永久贮存场，用于核废料的处置，现在看来似乎并不太合适。美国政府问责局（Government Accountability Office）在2012年4月份的报告中公布的拆除老旧核反应堆、处理残存放射性废料的全面财务规划，同样不是什么上策。

对钚的处理，正如某些科学家所言，要“如同对待核武器原料一样谨慎”，而问题在于，很少有人会愿意花钱把它埋在靠近自家后院的任何地方，哪怕是埋得很深。

图书在版编目（CIP）数据

拿什么拯救你我的地球 /《环球科学》杂志社，外研社科学出版工作室编．—北京：外语教学与研究出版社，2013.8

（《科学美国人》精选系列．科学最前沿环境与能源篇）

ISBN 978-7-5135-3568-7

Ⅰ．①拿… Ⅱ．①环… ②外… Ⅲ．①环境保护－普及读物 ②能源－普及读物 Ⅳ．①X-49②TK01-49

中国版本图书馆CIP数据核字（2013）第208825号

封面图片由达志影像提供

出 版 人　蔡剑峰
责任编辑　王帅帅
封面设计　覃一彪
版式设计　水长流文化
出版发行　外语教学与研究出版社
社　　址　北京市西三环北路19号（100089）
网　　址　http://www.fltrp.com
印　　刷　北京利丰雅高长城印刷有限公司
开　　本　730×980　1/16
印　　张　14
版　　次　2013年9月第1版　2013年9月第1次印刷
书　　号　ISBN 978-7-5135-3568-7
定　　价　49.00元

购书咨询：(010)88819929　电子邮箱：club@fltrp.com
如有印刷、装订质量问题，请与出版社联系
联系电话：(010)61207896　电子邮箱：zhijian@fltrp.com

物料号：235680001